建设工程质量验收项目检验简明手册

张 平 主编　　李澄宙 主审

U0387914

中国建筑工业出版社

图书在版编目（CIP）数据

建设工程质量验收项目检验简明手册 / 张平主编.—北京：中国建筑工业出版社，2013.10
ISBN 978-7-112-15098-4

Ⅰ．①建⋯ Ⅱ．①张⋯ Ⅲ．①建筑工程—质量检验—手册 Ⅳ．①TU712-62

中国版本图书馆CIP数据核字（2013）第023176号

责任编辑：张　建
责任校对：肖　剑　赵　颖

建设工程质量验收项目检验简明手册

张　平　主编　李澄宙　主审

＊

中国建筑工业出版社出版、发行（北京西郊百万庄）

各地新华书店、建筑书店经销

北京同文印刷有限责任公司印刷

＊

开本：787 × 1092 毫米　1/16　印张：11 $\frac{1}{4}$　字数：272 千字

2014年1月第一版　　2014年1月第一次印刷

定价：32.00 元

ISBN 978-7-112-15098-4

（23183）

前　言

随着我国经济建设的发展，对建设工程质量的要求不断提高；特别是近年来，建设工程质量验收规范及相关法律法规越来越多，为满足监督、监理、建设、施工及设计单位的工程技术人员对工程质量验收项目查阅、学习和培训的需要，特编写了这本《建设工程质量验收项目检验简明手册》。本手册力争从建设工程验收的实际工作需要出发，严格按照相关工程质量验收规范、设计规范、法规的规定，采用表格形式来介绍进场材料、设备、构件及施工过程中的检验批、分项和分部（子分部）工程验收项目检验，包括强制性条文、主要主控项目和部分一般项目，有很强的针对性和实用性。为了方便工程技术人员阅读理解，本手册备注栏中列入部分检验项目的定义和解释并在附录中列为手册编制依据。

本手册在编写过程中得到了深圳市龙岗区工程质量检测中心、深圳市工程质量检测中心、深圳市建筑科学研究院、深圳市龙岗区住房和建设局、深圳市金钢建设监理有限公司等有关方面的大力支持和协助，特此表示衷心感谢。

本手册内容主要依据国家现行标准，部分采用要求更高的广东省、深圳市地方现行标准。读者在使用时，应注意与本地区相关标准的区别。由于编者水平有限，本手册不足之处在所难免，恳请广大读者批评指正。

术　语

1. 建设工程

指建筑工程、市政工程。

2. 工程质量验收项目

是指国家、广东省、深圳市工程质量验收规范、设计规范及法律、法规规定的工程质量验收项目，包括强制性条文、主控项目和一般项目。

3. 工程质量验收项目检验

包括工程质量验收项目复验和检验两大类：

（1）项目复验

1）进场复验：对在监理工程师或建设单位代表见证下进场的材料、设备、构件或附件，在进场验收合格的基础上，按相关规定现场抽取试样，送至有见证检测资质的检测机构对部分或全部性能参数进行检测（试验）。

2）现场复验：在监理工程师或建设单位代表的见证下，对已经完成施工作业的检验批或分项、分部工程，按照有关规定在工程实体上抽取试样，在现场或送至有见证检测资质的检测机构进行检测（试验）。

（2）项目检验

1）进场检验：对进场的材料、设备、构件或附件的验收以外观检查和查验质量合格文件为主。当对产品的质量或产品合格文件有疑义时，应在监理（建设）单位代表见证下，依据相关规定在现场抽取试样，送至有见证检测资质的检测机构进行部分或全部性能参数的验证检测（试验）。

2）现场检验：对已完成施工作业的检验批或分项、分部工程，施工、监理（建设）、设计、地勘等责任主体按照相关规定对实体质量抽样检查。

目　录

第一章 地基与基础工程

序号	名 称		检验项目	检验数量（频次）	取样（检验）方法	检验性质	备 注
1.1	主要原材料（备注1）	钢筋	热轧带肋钢筋	力学工艺性能、重量偏差	同厂家、同牌号、同规格，且≤60 t 的产品，抽检1组(每组试件 n=5 支)，当产品批量超过 60 t时，每增加40 t，每组抽检试件增加 1~2 支	n支×（550~600 mm/组）；热轧钢 n 取值规定：批量≤60 t时，n=5 支；60 t<批量≤100 t时，n=6 支；100 t<批量≤140 t时，n=8 支；140 t<批量≤180 t时，n=10 支	复验	1.主要原材料验收应符合下列规定：1）对抗震设防有要求的框架结构，其纵向受力钢筋的强度应满足设计要求；当设计无具体要求时，对一、二、三级抗震等级，应采用标号带"E"的钢筋；2）除使用量较少如土钉墙的喷射混凝土、人工挖孔桩混凝土护壁外，应限制使用现场拌制混凝土；3）现场采用的水泥、粉煤灰、砂、石、外加剂等原材料检验同1.6 ~1.10条 2. 地基基础工程验收检测的数量应按单位工程计算；同一单位工程采用不同桩型或不同地基处理方法的，宜分别确定检测方法和检测数量；对地基处理面积大于 20000 m^2 及工程桩总数超过 2000 根的大型单位工程，超过部分的抽检数量可适当减少，但不应少于相应规定抽检数量的50%
			热轧光圆钢筋					
1.2			冷轧带肋钢筋	力学工艺性能、重量偏差	同厂家、同牌号、同规格，且≤60 t 的产品，抽检不少于1组	5 支×（550~600 mm/组）		
1.3			钢绞线	力学性能	同厂家、同牌号、同规格，且≤60 t 的产品，抽检不少于1组	钢绞线两端未装夹具的取样：3 支×700 mm/组		
1.4		钢材	碳素结构钢	力学性能	同厂家、同牌号、同炉号、同规格，且≤60 t 的产品，抽检不少于1组	钢板：2 件×400×30(mm)/组 型材：2 段×400 mm/组 圆钢：2 段×400 mm /组		
			优质碳素结构钢					
1.5		预拌混凝土	水泥	常规性能	不超过3个月，同厂家产品所使用的原材料，抽检不少于1次（搅拌站现场取样）	12kg/次		
			粉煤灰	物理性能		3kg/次		
			砂	物理性能、氯离子含量		20kg/次		
			碎石或卵石	物理性能		60 kg 和 20 kg（粒径10~20 mm）/次		
			外加剂	物理性能	同厂家、同品种、同批号，且≤50 t 的产品，抽检不少于1次	5 kg/次		

序号	名 称		检验项目	检验数量（频次）	取样（检验）方法	检验性质	备 注
1.6	主要原材料（备注1）	现场拌制混凝土	水泥 常规性能	同厂家、同品种、同强度等级、同批号，且≤500 t（散装水泥）或≤200 t（袋装水泥）的产品，抽检不少于1次	12 kg/次	复 验	3. 墩基础应符合下列规定： 1）设计明确混凝土墩基础基底面积按天然地基进行设计； 2）混凝土墩身有效长度不宜超过5m或埋深与墩体直径比（L/D）小于4；如不符合以上规定时，应按桩基工程验收
1.7			粉煤灰 物理性能	同产地、同等级，且≤200 t的产品，抽检不少于1次	3 kg/次		
1.8			砂 物理性能、氯离子含量	同产地、同规格，且≤400 m³或≤600 t的产品，抽检不少于1次	20 kg/次		
1.9			碎石或卵石 物理性能	同产地、同等级，且≤400 m³或600 t的产品，抽检不少于1次	60 kg和20 kg（粒径10～20 mm）/次		4. 桩完整性和承载力受检桩选择应符合下列规定： 1）施工质量有怀疑的桩； 2）设计方认为重要的桩； 3）局部地质条件复杂，可能影响质量的桩； 4）承载力或钻芯检测时，侧重桩身完整性检测中有缺陷或有怀疑的桩
1.10			外加剂 物理性能	同厂家、同品种、同批号，且≤50 t的产品，抽检不少于1次	5 kg/次		
1.11			混凝土配合比设计 配合比试验	同品种、同强度等级的混凝土，试验应不少于1次	水泥：50 kg；砂：50 kg；石子：70 kg		
1.12	桩（墩）基及基础锚杆工程（备注2）	灌注桩	桩径＜800 mm 桩（墩）混凝土 混凝土抗压强度	每浇筑25 m³（或检验批）同配合比混凝土，留置试件应不少于1组	3块×150×150×150（mm）/组（标准试块）（注：桥梁工程包括高架桥、立交桥、人行天桥等）		5. 当采用低应变或超声法检测时，受检桩的混凝土强度不应低于设计强度的70%，且不低于15 MPa，超声法检测声测管埋设详见《深圳市建筑基桩检测规程》SJG09 附录D
			桩径≥800 mm 桩（墩）混凝土	1. 每浇筑25 m³（或检验批）同配合比混凝土，留置试件应不少于1组，且每根桩应留置1组试件； 2. 桥梁桩基工程每根桩，留置试件应不少于2组			
1.13			墩基础（备注3）	每浇筑100 m³（或检验批）同配合比混凝土，留置试件应不少于1组			

序号	名　称		检验项目	检验数量（频次）	取样（检验）方法	检验性质	备　注
1.14	桩（墩）基及基础锚杆工程（备注2）	桩径＜800mm（预制桩、灌注桩）	桩（墩）身完整性	低应变法	每单位工程抽检不应少于总桩数的30%，且每承台下不应少于1根（桥梁桩基工程应100%检测桩身完整性）	现场检测（备注4、8、9）	复　验	6. 单桩承载力检验应符合下列规定：1）单桩承载力包括单桩竖向抗压承载力、单桩竖向抗拔承载力和单桩竖向水平承载力；2）单桩竖向抗压承载力一般采用静载法，当用高应变法代替静载法检测单桩竖向抗压承载力时，应在同一工程做不少于3根桩的静载法与高应变法的对比试验；3）对单桩承载力特征值＞8000kN的灌注桩，当设计方有要求且场地条件许可时，应采用静载法；4）静载法、高应变法检测承载力的受检桩从成桩到开始检测的间歇时间宜符合：①预制桩：砂土不少于7d；粉土不少于10d；非饱和黏性土不少于15d；饱和黏性土不少于25d；②混凝土灌注桩：不得小于28d或混凝土强度达到设计强度；5）当设计有要求时，施工前应采用静载试验确定单桩竖向抗压承载力特征值
		800mm≤桩径≤1600mm（灌注桩）		低应变法或超声法	每单位工程抽检不应少于总桩（墩）数的30%，且每承台下不应少于1根（桥梁基桩工程应100%检测桩身完整性）	现场检测（备注4、5、8、9）		
		桩径＞1600mm（灌注桩）		超声法				
1.15		墩基础（备注3）		低应变法				
1.16		桩径＜800mm（预制桩、灌注桩）	桩（墩）承载力	静载法	每单位工程抽检不应少于总桩数的1%，且不应少于3根（总桩数在50根以内时，不应少于2根）	现场检测（备注4、6、8、9）		
				高应变法	每单位工程抽检不应少于总桩数的5%，且不应少于5根			
1.17		桩径≥800mm		静载法	桩端持力为强风化层或以上土层，且单桩承载力特征值≤8000kN的灌注桩：每单位工程抽检不应少于总桩数的1%，且不应少于3根（总桩数在50根以内时，不应少于2根）			

序号	名　　称		检验项目	检验数量（频次）	取样（检验）方法	检验性质	备　注
1.18	桩（墩）基及基础锚杆工程（备注2）	桩径≥800mm	桩（墩）承载力	钻芯法	桩端持力为中风化层或以下岩层，或单桩承载力特征值＞8000kN的灌注桩：每单位工程抽检不应少于总桩数的15%，且不应少于10根	现场检测（备注4、7、8、9）	复验	7. 受检桩的钻芯法检测应符合下列规定： 1）钻芯法检测时，受检桩的混凝土龄期不得小于28d或混凝土强度达到设计要求； 2）桩径小于1600mm钻1孔，桩径为1600～2000mm钻2孔，桩径大于2000mm钻不少于3孔； 3）每桩至少应有1孔钻至设计要求的桩端持力层深度，如设计未明确要求时，应钻入持力层3倍桩径（当3倍桩径大于5m时，可钻取5m，当3倍桩径小于3m时，应钻3m），其余孔钻入桩端持力层深度不应小于0.5m；对施工前已进行过超前钻探，已确认桩端持力层满足设计要求的桩，宜钻至桩底1m；对非承重的抗拔桩、支护桩，每个钻芯孔钻入桩端不宜少于0.5m
1.19		墩基础（备注3）		钻芯法	1. 按设计要求； 2. 低应变法判定墩身完整性有Ⅲ、Ⅳ类墩时，应采用钻芯法补充检测，抽检不宜少于墩总数的1%，且不少于3根			
1.20		基础锚杆（抗浮锚杆）	抗拔承载力		每单位工程抽检不应少于锚杆总数的5%，且不得少于6根	现场检测（备注6、9）		
			浆体抗压强度		每浇筑30根锚杆（或检验批）同配合比浆体，留置试件应不少于1组	水泥净浆：6块×70.7×70.7×70.7(mm)/组 细石混凝土：3块×100×100×100(mm)/组		
1.21	地基处理工程（备注2、10、11）	处理土地基	换填地基（含灰土地基、砂和砂石地基、土工合成材料地基、粉煤灰地基）	平板静载荷试验	每单位工程抽检为每500㎡不应少于1个点，且试验不得少于3点	现场检测		
				圆锥动力触探或标准贯入试验	每单位工程抽检为每200㎡不应少于1个孔，且不得少于10孔，每个独立桩基不得少于1孔，基槽每20m不得少于1孔	现场检测（1.检测深度按设计要求；2.检测在平板载荷试验前进行）		
				压实系数	每单位工程抽检为对大基坑每50～100㎡面积内不得少于1个检测点；对基槽每10～20m不得少于1个检测点；每个独立柱基不得少于1个检测点	现场检测（按300mm分层检验）		

序号	名　称		检验项目	检验数量（频次）	取样（检验）方法	检验性质	备　注
1.22	地基处理工程（备注2、10、11）	处理土地基	平板静载荷试验	每单位工程抽检为每500m²不应少于1个点，且试验不得少于3点	现场检测	复验	8. 当对基桩（墩）检测结果有怀疑或争议时的验证检测方法：1）对灌注桩（墩）采用低应变法或超声法的检测结果有怀疑或争议时，可采用钻芯法进行验证；2）对钻芯法检测结果有怀疑或争议时，可在同一基桩（墩）增加钻孔进行验证；3）可采用单桩竖向抗压静载试验验证高应变法单桩承载力检测结果 9. 当基桩（墩）及基础锚杆的检测结果不满足设计要求时，扩大抽检应符合下列规定：1）当采用低应变法或超声法抽检所发现的Ⅲ、Ⅳ类桩之和小于抽检桩数的20%时，应按Ⅲ、Ⅳ类桩数的2倍扩大抽检；当Ⅲ、Ⅳ类桩之和大于或等于抽检桩数的20%时，应在未检桩中再取总数的30%扩大抽检；若两次抽检中Ⅲ、Ⅳ类桩之和大于或等于两次抽检桩总数的20%时，该批桩应全部检测桩身完整性；
		预压处理地基、强夯处理地基、注浆地基	原位测试和室内土工试验	每单位工程抽检为每200m²不应少于1个孔，且不得少于10孔，每个独立柱基不得少于1孔，基槽每20m不得少于1孔（原位测试按设计要求）	现场检测（1. 原位测试包括标准贯入试验、圆锥动力触探试验、静力触探试验、十字板剪切试验等；2. 原位测试检测深度按设计要求；3. 检测在平板载荷试验前进行）		
1.23		复合地基	水泥土搅拌桩、高压旋喷桩复合地基	平板和单桩静荷载试验	每单位工程抽检应为总桩数的1%，且平板静荷载试验不得少于3点	现场检测	
			钻芯法	每单位工程抽检应为总桩数的0.5%（搅拌桩）和2%（旋喷桩），且不少于6根	现场检测（平板载荷试验前）		
			砂石桩、强夯置换墩复合地基	平板静载荷试验	每单位工程抽检应为总桩（墩）数的1%，且试验不得少于3点	现场检测	
			圆锥动力触探试验	每单位工程抽检应为总桩（墩）数的3%，且不得少于3根	现场检测（1.检测深度按设计要求；2.检测在平板载荷试验前进行）		
1.24			水泥粉煤灰碎石桩、灌注桩和预制桩复合地基	低应变法	每单位工程抽检不应少于总桩数的10%	现场检测	
			平板和单桩静荷载试验	每单位工程抽检应为总桩数的1%，且平板静荷载试验不得少于3点	现场检测		

序号	名 称		检验项目	检验数量（频次）	取样（检验）方法	检验性质	备 注
1.25	基坑支护工程	土钉墙支护（备注12）	土钉	抗拔承载力基本试验	按设计要求，且试验数量不应少于3根（试验采用地质条件、杆体材料、土钉参数和施工工艺应与工程土钉相同）	现场检测	复	2）当静载法、高应变法或钻芯法的检测结果不满足设计要求时，应按不满足设计要求的桩数的2倍扩大抽检
				抗拔承载力验收试验	不应少于土钉总数的1%，且不少于3根	现场检测（检测结果不符合设计要求时，应按不满足要求的数量加倍扩大抽检）		10. 平板载荷试验应符合下列规定：1）处理土地基：①对于复杂场地或重要建筑地基应增加抽检数量；②平板载荷试验形式可根据实际情况和设计要求确定；2）复合地基（含多桩型复合地基）：平板载荷试验的形式可根据实际情况和设计要求采取下面三种形式之一：第一、单桩（墩）复合地基载荷试验；第二、多桩复合地基板载荷试验；第三、部分单桩（墩），另一部分为多桩复合地基平板载荷试验；3）当平板荷载试验不满足设计要求时，应按不满足设计要求的数量加倍扩大检验
				浆体抗压强度	每灌注30根土钉（或检验批）同配合比浆体，留置试件应不少于1组	6块×70.7×70.7×70.7(mm)/组	验	
1.26		喷射混凝土面层		混凝土抗压强度	每喷射500 m²（或检验批）同配合比混凝土，留置试件应不少于1组	3块×100×100×100(mm)/组	检	
				面层厚度	每500 m²抽检1组，每组3点（检查处厚度的平均值应大于设计值，最小厚度不应小于设计值的80%，并不应小于60mm）	现场检测（凿孔法）	验	
1.27		排桩支护（备注13）	锚杆（索）	抗拔承载力基本试验	按设计要求，且试验数量不应少于3根（试验采用的地质条件、杆体材料、锚杆参数和施工工艺应与工程锚杆相同）	现场检测	复	
				抗拔承载力验收试验	不应少于同类型锚杆（索）总数的5%，且不得少于3根	现场检测（检测结果不符合设计要求时，应按不满足要求的数量加倍扩大抽检）	验	
				浆体抗压强度	每灌筑30根锚杆（或检验批）同配合比浆体，留置试件应不少于1组	6块×70.7×70.7×70.7(mm)/组		

序号	名 称		检验项目	检验数量（频次）	取样（检验）方法	检验性质	备 注
1.28	基坑支护工程（备注13）	排桩支护（备注13）	混凝土灌注排桩 混凝土抗压强度	每浇筑 25 m³（或检验批）同配合比混凝土，留置试件应不少于1组，直径≥800 mm 的桩，每根桩应留置1组试件	3块×150×150×150(mm)/组（标准试块）	复验验	11. 地基承载能力确定：设计单位可根据原位测试和土工试验、压实系数、平板载荷试验结果，综合判断出处理土地基、复合地基的承载力是否符合设计要求 12. 土钉墙支护是由设置于基坑边坡中的土钉、喷射混凝土面层及原状土体共同工作形成的支护结构，土钉墙常与截水帷幕、微型桩和预应力锚杆（索）等共同工作形成复合土钉墙支护结构； 土钉通常采取土中钻孔，置入变形钢筋、钢管并沿孔全长注浆的方法做成，对于没有类似经验的土钉墙工程，在正式施工前，应进行土钉的抗拔力基本试验
			低应变法	不宜少于总桩数的20%，且不得少于5根	现场检测（备注4、5、8、9）		
			钻芯法	低应变法判定桩身完整性有 III、IV 类桩时，应采用钻芯法补充检测：不宜少于总桩数的1%，且不得少于3根	现场检测（备注4、7、8、9）		
1.29		微型桩（桩径<400 mm）	低应变法	混凝土灌注桩：不宜少于总桩数的1%	现场检测		
1.30		冠梁、腰梁	混凝土抗压强度	每浇筑 100 m³（或检验批）同配合比混凝土，留置试件应不少于3组	3块×150×150×150(mm)/组（标准试块）		
1.31		混凝土内支撑结构		每浇筑 100 m³（或检验批）同配合比混凝土，留置试件应不少于1组			
1.32	基坑支护工程	地下连续墙支护 地下连续墙结构	混凝土抗压强度	按每个单元槽段留置1组试块	3块×150×150×150(mm)/组（标准试块）		
			混凝土抗渗等级	按每5个单元槽段留置1组试块	6块×175(上口直径)×185(下口直径)×150(高)(mm)/组		

序号	名　称		检验项目	检验数量（频次）	取样（检验）方法	检验性质	备　注
1.32	基坑支护工程	地下连续墙支护　地下连续墙结构	超声法	1. 当地下连续墙作为永久性结构，每个工程抽检30%，每个槽段不少于5个孔； 2. 当地下连续墙作为临时性结构，每个工程抽检不少于10%，且不少于3个槽段，每个槽段不少于5个孔	现场检测（当超声法检测不满足设计要求时，应按不满足设计要求的槽段加倍扩大抽检）	复验	13. 排桩支护根据基坑深度、土的性质、基坑周边环境条件及施工场地条件等因素，采用锚杆—排桩、内支撑—排桩、悬臂式排桩或双排桩等结构形式；排桩根据土层的性质选择混凝土灌注桩、型钢桩、钢管桩等；微型桩常与预应力锚杆与土钉墙支护结构一起组成复合土钉墙支护结构；用于安全等级为一、二级的基坑或缺乏经验的地层中的锚杆，施工前应进行基本试验，如果锚杆的锚固段主要位于黏土层、淤泥质土层、回填土层时，还应进行蠕变试验，且蠕变试验的锚杆数量不应少于3根
			钻芯法	1. 当地下连续墙作为永久性结构，每个工程抽检15%，且不少于10个槽段，每个槽段不少于3个孔； 2. 当地下连续墙作为临时性结构，每个工程抽检不少于5%，且不少于3个槽段，每个槽段不少于3个孔	现场检测（当钻芯法检测不满足设计要求时，应按不满足设计要求的槽段加倍扩大抽检）		
1.33		深基坑开挖与变形监测（备注14）	顶部、水平位移、沉降等	按设计要求和相关规范规定	现场监测		
1.34		截水帷幕（备注15）	钻芯法	不宜少于总桩数（孔数）的0.5%，且不宜少于3根（孔）（注：水泥搅拌桩形式的格栅状挡土墙结构不宜少于9根）	现场检测（芯样直径＞80mm，做单轴极限抗压强度试验及室内渗透试验）		
			压水试验	桩式帷幕：抽检数量不宜少于3个点	现场观测（按设计要求）		
			抽水试验	板墙状帷幕：抽检数量不宜少于3个点	现场观测（按设计要求）		
			水位观测和沉降观测	按设计要求和相关规范规定	现场观测		

序号	名　称	检验项目	检验数量（频次）	取样（检验）方法	检验性质	备　注
1.35	土方工程	建筑场地回填土 压实系数	每单位工程不应少于 3 点，每压实层（≤ 300mm）1000 m² 以上工程，每 100 m² 至少应有 1 点，3000 m² 以上工程，每 300 m² 至少应有 1 点	现场检测	复　验	14. 深基坑开挖与变形监测应符合下列规定： 1）安全等级为一级、二级的支护结构，在基坑开挖过程与支护结构使用期间内，必须进行支护结构的水平位移监测和基坑开挖影响范围内建（构）筑物、地面的沉降监测； 2）深基坑变形监测应由建设单位委托有检测资质的检测机构（第三方）进行； 3）深基坑变形监测内容应符合设计要求和相关规范的规定；一般包括支护结构水平位移及其邻近建筑物和重要管线、道路的沉降观测，如有需要，还应包括预应力锚杆、结构构件内力的观测等； 4）基坑开挖面上方的锚杆、土钉、支撑未达到设计要求时，严禁向下超挖土方。基坑周边施工材料、设施或车辆严禁超过设计要求的地面荷载限值
1.36	地基及填土污染物（备注16）	建筑场地土壤中氡浓度 土壤氡浓度	在基础工程覆盖范围内，应以间距 10m 作网格，各网格点即为检测点，且不应少于 16 个点	现场检测（采用专用钢钎打孔。孔直径 20～40mm，孔深 500～800mm）		
1.37		建筑场地土壤比活度 内照射指数或外照射指数	在基础工程覆盖范围内，当场地土壤中氡浓度检测结果大于或等于 50000Bq/m³ 时，抽检不少于 1 次	2 份×2 kg/次（将样品破碎）		
1.38		建筑室内回填土比活度 内照射指数或外照射指数	当采用异地土作为室内回填土时，应对该取土的土壤，抽检不少于 1 次	2 份×2 kg/次（将样品破碎）		
1.39	地下防水工程（备注17）	现浇混凝土结构（含后浇带） 混凝土抗压强度	每浇筑 100 m³（或检验批）同配合比混凝土，留置试件应不少于 1 组；当一次连续浇筑超过 1000 m³ 时，每 200 m³ 留置 1 组试件	3 块×150×150×150(mm)/组（标准试块）		
1.40		混凝土抗渗等级	每续浇筑 500 m³（或检验批）同配合比混凝土，留置试件应不少于 1 组，且每项工程不得少于 2 组	6 块×175(上口直径)×185(下口直径)×150(高)(mm)/组		

序号	名	称		检验项目	检验数量（频次）	取样（检验）方法	检验性质	备 注
1.41	地下防水工程（备注17）	防水涂料	无机防水涂料	抗折强度、粘结强度、抗渗性	同厂家、同品种、同规格，且≤10 t的产品，抽检不少于一次	5 kg/次（水泥、粉料各半）	复验	15. 截水帷幕是为阻截或减小基坑侧壁及基坑底面下地下水流入而采用的连续截水体；截水体通常采用深层搅拌桩、高压喷射注浆等；在无经验地区或对于重要工程，施工结束后，对桩式帷幕应进行压水试验，对板墙状帷幕应进行抽水试验；基坑降水期间，应进行水位观测和沉降观测
1.42			有机防水涂料	固体含量、拉伸强度、断裂延伸率、柔性、不透水性	同厂家、同品种、同规格，且≤5 t的产品，抽检不少于一次	3 kg/次（多组份按配比取）		
1.43		防水卷材	改性沥青防水卷材	拉力、最大拉力时延伸率、低温柔度、不透水性	同厂家、同品种、同规格，且≤10000 m² 的产品，抽检不少于1次	1块×1500 mm/次（在外观检查合格的卷材中，任取一卷，先切除外层卷头2500 mm，顺纵向截取1500 mm）		
1.44			合成高分子防水卷材	断裂拉伸强度、扯断伸长率、低温弯折、不透水性	同厂家、同品种、同规格，且≤10000 m² 的产品，抽检不少于1次			
1.45		胎体增强材料		拉力、延伸率	同厂家、同品种、同规格，且≤3000 m² 的产品，抽检不少于1次	1块×1500 mm/次		
1.46		密封材料	改性石油沥青密封材料	低温柔性、拉伸粘结性、施工度	同厂家、同品种、同规格，且≤2 t的产品，抽检不少于1次	2 kg或2支/次		
1.47			高分子密封材料	拉伸粘结性、柔性	同厂家、同品种、同规格，且≤1 t的产品，抽检不少于1次	2 kg或2支/次		
1.48		高分子防水材料止水带		拉伸强度、扯断伸长率、撕裂强度	同厂家、同品种、同规格，且每月同标记的产品，抽检不少于1次	0.5 m²/次		
1.49		高分子防水材料遇水膨胀橡胶		拉伸强度、扯断伸长率、体积膨胀倍率	同厂家、同品种、同规格，且每月同标记的产品，抽检不少于1次	3条×1m/次		

序号	名　称		检验项目	检验数量（频次）	取样（检验）方法	检验性质	备　注
1.50	地下防水工程（备注17）	施工质量 涂料防水层	防水涂料平均厚度	按涂层面积每100 m² 抽检1处，每处10 m²，且不得少于3处	现场检查（涂料平均厚度应符合设计要求，最小厚度不得小于设计厚度的80%）	检验	16. 地基及填土污染物检测应符合下列规定：1）土壤氡浓度检测应在基坑、基槽开挖到设计高程后进行；2）建筑场地土壤比活度检测、建筑室内回填土比活度检测只适用于Ⅰ类民用建筑工程 17. 地下防水工程三层以上（含三层）或设计防水面积超过15000m²，建设单位应组织专家评审 18. 地基与基础分部工程中混凝土基础、砌体基础、钢结构子分部工程检验项目同第二章"混凝土结构工程"、第三章"砌体结构工程"、第四章"钢结构工程"的相关规定
1.51		卷材防水层	接缝应粘（焊）结牢固，密封严密，不得有褶皱、翘边和鼓泡等缺陷	按铺贴面积每100 m² 抽检1处，每处10 m²，且不得少于3处	现场检查		
1.52		地下室防水效果	渗漏水现象（湿渍、渗水、水珠、滴漏、线漏）	全数检查	现场检查（渗漏水现象，应符合防水等级要求）		
1.53	沉降观测		沉降量（含沉降差、倾斜、局部倾斜等）	按设计要求和相关规范规定	现场监测		
1.54	天然土地基		承载能力	基坑开挖完成后，应会同设计、勘探单位实地验槽确认地基承载能力满足设计要求	现场检查	复检	
			平板载荷试验（按设计要求）	按设计要求，且每单位工程抽检为每500 m²不应少于1个点，且不得少于3点（对于复杂场地或重要建筑地基应增加抽检数量）	现场检测		

第二章 混凝土结构工程

序号	名 称		检验项目	检验数量（频次）	取样(检验)方法	检验性质	备 注
2.1	钢筋（备注1）	热轧带肋钢筋	力学工艺性能、重量偏差	同厂家、同牌号、同规格，且≤60 t 的产品，抽检1组(每组试件 n=5 支），当产品批量超过60 t时，每增加40 t，每组抽检试件增加 1~2 支	n支×（550~600 mm/组）；热轧钢 n 取值规定：批量≤60 t时，n=5 支；60 t＜批量≤100 t时，n=6 支；100 t＜批量≤140 t时，n=8 支；140 t＜批量≤180 t时，n=10 支	复验	1. 对抗震设防要求的框架结构，其纵向受力钢筋的强度应满足设计要求；当设计无具体要求时，对一、二、三级抗震等级，应采用标号带"E"的钢筋，其力学性能应符合下列规定：1）钢筋的强度实测值与屈服强度实测值的比值；2）钢筋的屈服强度实测值与钢筋的强度标准值的比值；3）钢筋的最大力下总伸长率
		热轧光圆钢筋					
2.2		冷轧带肋钢筋	力学工艺性能、重量偏差	同厂家、同牌号、同规格，且≤60 t 的产品，抽检不少于1组	5 支×（550~600 mm/组）		
2.3	主要原材料	调直钢筋	力学性能、重量偏差	同厂家、同牌号、同规格，且≤30 t 的产品，抽检1组	3 支×（550~600 mm/组）（采用冷拉法或有延伸功能的机械设备调直的钢筋）		
2.4		钢绞线	力学性能	同厂家、同牌号、同规格，且≤60 t 的产品，抽检1组	钢绞线两端未装夹具的取样：3 支×700 mm/组		
2.5	预拌混凝土（备注2）	水泥	常规性能	不超过3个月，同厂家产品所使用的原材料，抽检不少于1次（搅拌站现场取样）	12 kg/次		
			放射性指标		2 份×2 kg/次		
		粉煤灰	物理性能		3 kg/次		
			放射性指标		2 份×2 kg/次		
		砂	物理性能和氯离子含量		20 kg/次		
			放射性指标		2 份×2 kg/次		

序号	名 称		检验项目	检验数量（频次）	取样（检验）方法	检验性质	备 注
2.5	主要原材料	预拌混凝土（备注2）	碎石或卵石	物理性能	不超过3个月，同厂家产品所使用的原材料，抽检不少于1次（搅拌站现场取样）	混凝土强度等级<C60时：60 kg和20 kg（粒径10~20mm）/次；混凝土强度等级≥C60时：60 kg和20 kg（粒径10~20mm）另加6块岩石×50×50×50（mm）/次	复	2. 预拌混凝土用原材料放射性指标检验，适用于民用建筑混凝土结构主体工程。钢筋混凝土和预应力混凝土用砂的氯离子含量不应大于0.06%和0.02%；混凝土用海砂氯离子含量不应大于0.03%，且海砂不得用于预应力混凝土；如果有必要，河砂、海砂、人工砂及碎石还应进行有关碱活性检验
				放射性指标		2份×2kg/次		
			外加剂（备注4）	物理性能	同厂家、同品种、同批号，且≤50 t的产品，抽检不少于1次	5 kg/次		
2.6		现场拌制混凝土（备注3）	水泥	常规性能	同厂家、同品种，同强度等级、同批号，且≤30 t的产品，抽检不少于1次	12 kg/次		3. 现场拌制混凝土主要用于混凝土结构加固工程，由于此类原材料使用量较少，故对其放射性指标不作复检要求；工程中应限制使用现场拌制混凝土
2.7			粉煤灰	物理性能	同产地、同等级，且≤200 t的产品，抽检不少于1次	3 kg/次		
2.8			砂	物理性能和氯离子含量	同产地、同规格，且≤400 m³或≤600 t的产品，抽检不少于1次	20 kg/次	验	
2.9			碎石或卵石	物理性能	同产地、同规格，且≤400 m³或≤600 t的产品，抽检不少于1次	60 kg和20 kg（粒径10~20 mm）/次		
2.10			外加剂（备注4）	物理性能	同厂家、同品种，同批号，且≤50 t的产品，抽检不少于1次	5 kg/次		
2.11			混凝土配合比设计	配合比试验	同品种、同强度等级的混凝土，试验应不少于1次	水泥：50 kg；砂：50 kg；石子：70 kg		

序号	名　称		检验项目	检验数量（频次）	取样（检验）方法	检验性质	备　注
2.12	钢筋焊接工程	钢筋焊接工艺试验	接头力学性能	在工程开工前或者每批钢筋正式焊接之前，无论采用何种焊接工艺方法，均须采用与生产相同条件进行焊接工艺试验；同一焊工完成的同牌号、同直径钢筋焊接接头，试验不得少于 1 组（或第一次未通过，应改进工艺，调整参数，直至合格为止）	取样方法（ d 为钢筋直径）： 1. 闪光对焊： 　$d \leq 18$ 时， 　6 支 × 500 mm/组； 　$20 \leq d \leq 25$ 时， 　6 支 × 600 mm/组； 　$d \geq 28$ 时， 　6 支 × 650 mm/组	复 验	4. 混凝土外加剂包括减水剂、早强剂、速凝剂、引气剂、发泡剂等；预应力混凝土结构中严禁使用含氯化物的外加剂；钢筋混凝土结构中，当使用含氯化物的外加剂时，应符合现行国家标准；结构加固用的混凝土不得使用含有氯化物或亚硝酸盐的外加剂，上部结构加固用的混凝土还不得使用膨胀剂；必要时，应使用减缩剂 5. 钢筋机械接头的形式主要包括套筒挤压接头、锥螺纹接头、镦粗直螺纹接头、滚轧直螺纹接头等。当钢筋机械连接现场检验连续 10 个验收批抽样试件抗拉强度试验 1 次合格率 100% 时，验收批接头数量可以扩大 1 倍
2.13		钢筋闪光对焊	接头力学性能	在同一台班内，由同一焊工完成的 300 个同牌号、同直径钢筋接头作为一批；当同一台班内焊接的接头数量较少，可在一周内累计计算，累计仍不足 300 个接头时，应按一批计算，每批抽检不得少于 1 组	$20 \leq d \leq 25$ 时， 3 支 × 600 mm/组； $d \leq 28$ 时， 3 支 × 650 mm/组 （1. 应在接头外观质量检查合格后，随机切取试件进行力学性能试验； 2. 电弧焊、电渣压力焊同一批中若有 3 种不同直径的钢筋焊接接头，应在最大直径钢筋接头和最小直径钢筋接头中分别切取 1 组试件进行拉伸试验； 3. 闪光对焊异径钢筋接头可只做拉伸试验）		
2.14		钢筋电弧焊	接头力学性能	在现浇混凝土结构中，应以 300 个同牌号钢筋、同形式接头作为一批，在房屋结构中，应在不超过连续两个楼层中 300 个同牌号钢筋、同形式接头为一批，不足 300 个接头的为一批计，每批抽检不得少于 1 组 （钢筋电弧焊包括帮条焊、搭接焊、坡口焊、窄间隙焊和熔槽帮条焊 5 种接头形式）			
2.15		钢筋电渣压力焊					

序号	名　称	检验项目	检验数量（频次）	取样（检验）方法	检验性质	备　注
2.16	钢筋机械连接工程	钢筋机械连接工艺试验	钢筋机械连接工程开始前，应对不同钢筋生产厂的进场钢筋进行接头工艺检验，每种规格的钢筋的接头，试验不得少于1组	取样方法（d为钢筋直径）：$d \leq 18$时，3支×500mm/组；$20 \leq d \leq 25$时，3支×600mm/组；$d \geq 28$时，3支×650mm/组（现场截取抽样试件后，原接头位置的钢筋可采用同等级规格的钢筋进行搭接连接，或采用焊接及机械连接方法补接）	复验	6. 对锚具用量不足500套或夹具、连接器用量不足125套的一般工程，如果锚具（夹具或连接器）供应商能提供有效锚具（夹具或连接器）静载锚固性能试验合格的证明文件，可仅进行外观检查和硬度检验；需做疲劳验算或有抗震要求的工程，当设计提出要求时，应按现行国家标准《预应力筋用锚具、夹具和连接器》GB/T 14370的规定进行疲劳性能或低周反复荷载性能试验
2.17		钢筋机械连接现场检验（备注5）	接头力学性能	同一施工条件下采用同一批材料的同等级、同形式、同规格接头，应以500个为一个验收批，不足500个也作一个验收批，每批抽检不得少于1组		
2.18	预应力混凝土工程	预应力筋用锚具、夹具、连接器（备注6）	外观质量、硬度试验	同厂家、同品种、同材料、同工艺，且≤2000套的锚具或≤500套的夹具、连接器为一个验收批，每一个验收批抽检应不少于1次	抽检数量按每批产品总数的3%，且不应少于5套（多孔夹片式锚具的夹片，每套应抽取6片）		7. 对金属螺旋管用量较少的工程，可不做径向刚度、抗漏性能的复验
			静载锚固性能试验		应在外观检查和硬度检验均合格的锚具（夹具或连接器）中抽取样品，与相应规格和强度等级的预应力筋组装成3套试件		
2.19		预应力混凝土用金属螺旋管（备注7）	物理力学性能	同厂家、同品种、同规格的产品，抽检不少于1次	3根×1m/次		8. 对孔道灌浆用水泥和外加剂，当用量较少时，可不做材料性能复验
2.20		无粘结预应力筋	涂包质量	同厂家、同品种、同规格且≤60 t的产品，抽检不少于1次	按相应检验标准规定取样		
2.21		孔道灌浆（备注8）	水泥浆抗压强度	每工作台班留置试件不少于1组	6块×70.7×70.7×70.7（mm）/组		

序号	名称			检验项目	检验数量（频次）	取样（检验）方法	检验性质	备注
2.22	混凝土工程	现浇混凝土结构		混凝土抗压强度	1. 每浇筑 100 m³（或检验批）同配合比的混凝土，留置试件不少于 1 组； 2. 当一次连续浇筑超过 1000m³ 的同配合比的混凝土时，每 200 m³ 留置试件不少于 1 组； 3. 对房屋建筑，每一楼层，同一配合比的混凝土，留置试件不少于 1 组	3 块×150×150×150(mm)/组（标准试块）	复验	9. 同条件自然养护试块的等效养护龄期及养护方法，应符合下列规定： 1）等效养护龄期可取日平均温度逐日累计达到 600℃·d 时所对应的龄期，等效龄期不应小于 14d，也不宜大于 60d； 2）同条件养护试件拆模后，应放置在靠近相应结构构件或结构部位的适当位置，并应采取相同的养护方法 10. 现浇结构外观质量严重缺陷符合下列规定： 1）纵向受力钢筋有露筋； 2）构件主要受力部位有蜂窝（混凝土表面缺少水泥砂浆而形成石子外露）； 3）构件主要受力部位有孔洞（混凝土中孔穴深度和长度均超过保护层厚度）； 4）构件主要受力部位有夹渣（混凝土中夹有杂物且深度超过保护层厚度）； 5）构件主要受力部位有疏松（混凝土中局部不密实）； 6）构件主要受力部位有影响结构性能
2.23				混凝土抗压强度（同条件）	1. 同条件养护试件所对应的结构构件或结构部位，应由监理、施工等各方共同选定； 2. 对混凝土结构工程中的各混凝土强度等级，均应留置同条件试件； 3. 同一强度等级的同条件养护试件，留置数量应根据混凝土工程量和重要性确定，不宜少于 10 组，且不应少于 3 组	3 块×150×150×150(mm)/组（标准试块）（备注 9）		
2.24				混凝土抗渗等级	每浇筑 500 m³（或检验批）同配合比的混凝土，留置试件不少于 1 组，且每项工程不得少于 2 组	6 块×175（上口直径）×185（下口直径）×150（高）(mm)/组		
2.25				混凝土放射性指标	预拌混凝土用原材料（如水泥、砂、石等）的放射性指标检验不合格时，应对其混凝土制品的放射性指标进行抽检，抽检应不少于 1 次	1 块×150×150×150(mm)/次		
2.26				现浇结构外观质量（备注 10）	全数检查	现场检查（现浇结构的外观质量不应有严重缺陷。对已经出现的严重缺陷，应由施工单位提出技术处理方案，并经监理（建设）单位认可后进行处理。对经处理后的部位，应重新进行验收）	检验	

序号	名称	检验项目	检验数量（频次）	取样（检验）方法	检验性质	备注
2.27	混凝土工程	现浇混凝土结构	现浇结构尺寸偏差	全数检查	现场检查 （现浇结构不应有影响结构和使用功能的尺寸偏差；混凝土设备基础不应有影响结构性能和设备安装的尺寸偏差；对超过尺寸允许偏差且影响结构性能、安装和使用功能的部位，应由施工单位提出技术处理方案，并经监理（建设）单位认可后进行处理；对经处理后的部位，应重新进行验收）	检验	或使用功能的裂缝（缝隙从混凝土表面延伸至混凝土内部）； 7）连接部位有影响结构传力性能的缺陷（构件连接处混凝土缺陷及连接钢筋、连接件松动）
2.28	混凝土实体检验	混凝土抗压强度（备注11）	回弹法	1. 单构件检测：每一结构或构件测区数不少于10个；对于某一方向尺寸大于4.5m，而另一方向尺寸大于0.3m的构件，测区数量不少于5个； 2. 构件批量检测：抽检数量不得少于同批构件总数的30%，且构件数量不得少于10件；抽检构件时，应随机抽取并使所选构件具有代表性	现场检测 （当检测条件与统一测强曲线的适用条件有较大差异时，可采用钻取混凝土芯样的方法进行修正，钻取芯样数量不应少于6个）	复验	11. 混凝土结构抗压强度出现以下情况时，应委托具有相应资质等级的检测机构进行混凝土实体检测（回弹法、钻芯法等）： 1）未按规定留置标养、同条件试块时； 2）标养、同条件试块不作为评定的依据时； 3）标养、同条件试块强度评定为不合格时； 4）对混凝土质量有怀疑时
2.29			钻芯法	1. 单构件检测：钻芯确定单个构件的混凝土强度推定值时，有效芯样试件的数量不应少于3个；对于较小构件，有效芯样试件的数量不得少于2个； 2. 构件批量检测：钻芯法确定检测批的混凝土强度推定值时，标准芯样试件最小样本量不宜少于15个，小直径芯样试件的最小样本量应适当增加	现场检测 （芯样应从检测批的结构构件中随机抽取，每个芯样应取自一个构件或结构的局部部位）	验	12. 预制构件应按标准图或设计要求的试验参数及检验指标进行结构性能检验，检验内容： 1）钢筋混凝土构件和允许出现裂缝的预应力混凝土构件进行承载力、挠度和抗裂检验； 2）对设计成熟、生

序号	名 称		检验项目	检验数量（频次）	取样（检验）方法	检验性质	备注
2.30	钢筋保护层		保护层厚度	对梁类、板类构件，应各抽取构件数量的 2%，且不少于 5 个构件进行检验；当有悬挑构件时，抽取的构件中悬挑梁类、板类构件所占比例均不宜小于 50%	现场检测（钢筋保护层厚度检验的结构部位，应由监理（建设）、施工等各方根据结构构件的重要性共同选定）		产数量较少的大型构件，当采取加强材料和制作质量检验的措施时，可仅做挠度、抗裂或裂缝宽度检验
2.31	混凝土实体检验	预制构件（备注12）	承载力、挠度、抗裂或裂缝宽度	对成批生产的构件，应按同一工艺生产的不超过1000 件，且不超过 3 个月的同类型产品为一批，每批抽检不少于 1 次	1 构件/次（注：同类型产品指同一钢种、同一混凝土强度等级、同一生产工艺和同一结构形式的构件）	复	13. 底胶：为改善胶结性能并防止基材表面处理后受污染或腐蚀，而先在基材粘合面上涂布的，与结构胶粘剂和基材均有良好相容性和黏附能力的一种室温固化的胶粘剂
2.32		桥梁使用功能	动、静载荷试验	下列桥梁必须进行动、静载荷试验： 1. 单孔跨径 30 m 或总桥长达 100 m 的梁式桥； 2. 单孔跨径达 45 m 或总桥长达 100 m 的拱式桥； 3. 单孔跨径达 20 m 或主跨结构长度达 40 m 的人行天桥（静荷）； 4. 小半径、大夹角（≥30°）连续弯桥； 5. 其他有特殊需要作承载力检验的各种规格的桥梁	现场检测（参照交通运输部《大跨径桥梁载荷试验方法》）	验	14. 修补胶：用于对混凝土基材表面较大孔洞、凹面、露筋等缺陷进行修补、复原的一种胶粘剂 15. 浸渍、碳纤维复合材胶粘剂：一种专门配制的改性环氧树脂胶粘剂，分为两种类型：一类由配套的底胶、修补胶和浸渍、粘结胶组成；另一类为免底涂，且浸渍、粘结与修补兼用的单一胶粘剂，厂家应出具免底涂胶粘剂的证书；承重结构加固工程不得使用不饱和聚酯树脂、醇酸树脂等作浸渍、粘结胶粘剂
2.33	混凝土（含砌体）结构加固工程	主要原材料 — 碳素结构钢	力学性能	同厂家、同牌号、同规格，且≤60 t 的产品，抽检不少于 1 组	钢板：2 件×400×30（mm）/组 型材：2 段×400（mm）/组 圆钢：2 段×400（mm）/组		
		优质碳素结构钢					
2.34		焊条	物理性能	同厂家、同牌号、同批号，且≤50 t 的产品，抽检不少于 1 次	每次在每批焊条 3 个部位平均取代表性样品		
2.35		焊剂			10 kg/次（分散抽取）		

序号	名 称		检验项目	检验数量（频次）	取样（检验）方法	检验性质	备 注
2.36	混凝土（含砌体）结构加固工程	主要原材料	锚栓	锚栓钢材力学性能	同厂家、同品种、同规格、同批号的产品，抽检不少于1次	随机抽取3箱（不足3箱应全取）的锚栓，经混合均匀后，抽取5%，且不少于5个（若复验结果仅有一个不合格，允许加倍取样复验）	复 验	16. 外粘型钢或粘贴钢板胶粘剂:一种专门配制的改性环氧树脂胶粘剂，有压注型和涂刷型两种类型 17. 种植锚固件胶粘剂:一种专门配制的改性环氧树脂胶粘剂或改性乙烯基酯类胶粘剂（包括改性氨基甲酸酯胶粘剂），用于混凝土结构（砌体结构）种植锚固带肋钢筋（包括拉结筋）和全螺纹螺杆 18. 裂缝修补胶一般分为以下两种: 1）以低黏度改性环氧类胶粘剂配制的用于填充封闭混凝土裂缝的胶粘剂，也称裂缝修补剂; 2）恢复开裂混凝土的整体性和强度时，使用高粘结性结构胶配制的具有修复功能的裂缝修补胶，也称裂缝修复胶
2.37			钢丝绳网片	整绳破断拉力、弹性模量和伸长率	同厂家、同品种、同规格、同批号的产品，抽检不少于1次	按相应检验标准规定取样		
2.38			低碳钢丝	力学性能	同厂家、同牌号、同规格，且≤60t的产品，抽检不少于1组	5 支×700 mm/组		
2.39			底胶（备注13）	钢-钢拉伸抗剪强度、钢-混凝土正拉粘结强度和耐湿热老化性能和不挥发物含量（对抗震设防裂度为7度及7度以上地区，建筑加固用的粘钢和粘贴纤维复合材的结构胶粘剂，尚应进行抗冲击剥离能力复验）	同厂家、同品种、同批号的产品，抽检不少于1次	每次取样3件，每件每组分称取500g，并按相同组分混匀后送检（严禁使用下列产品: 1. 过期或出厂日期不明; 2. 掺有挥发性溶剂或非反应性稀释剂; 3. 固化剂主成分不明或固化剂主成分为乙二胺; 4. 游离甲醛含量超标（下续）		
2.40			修补胶（备注14）					
2.41			浸渍、粘结碳纤维复合材胶粘剂（备注15）					
2.42			外粘型钢或粘贴钢板胶粘剂（备注16）					

序号	名 称		检验项目	检验数量（频次）	取样（检验）方法	检验性质	备注
2.43	混凝土（含砌体）结构加固工程		种植锚固件胶粘剂（备注17）	（同上）	（同上）	（续上） 5. 以"植筋—粘钢两用胶"命名； 6. 包装破损、批号涂毁或中文标志、产品使用说明书为复印件）	复	19. 结构界面胶（剂）：为改善粘结材料、加固材料与基材之间的相互粘结性能而在基材表面涂布的胶粘剂，专称为结构界面胶（剂），其性能和质量完全不同于一般界面处理剂
2.44		主要原材料	裂缝修补胶（备注18）					
2.45			结构界面胶（剂）（备注19）	与混凝土的正拉粘结强度及其破坏形式、剪切粘结强度及其破坏形式、耐湿热老化性能（快速检验）	同厂家、同品种、同批号的产品，抽检不少于1次	每次取样3件，从每件中取出一定数量的界面胶（剂）经混匀后送检	验	20. 裂缝修补注浆料：一种高流态、塑性的、采用压力注入的修补裂缝材料；一般分为改性环氧类注浆料和改性水泥基类注浆料两种
2.46			裂缝修补用注浆料（备注20）	改性水泥基类： 1. 流动度、竖向膨胀率及减水率； 2. 劈裂抗折强度、注浆料与混凝土的正拉粘结强度	同厂家、同品种、同批号的产品，抽检不少于1次	每次取样3件，每件每组分称取500g，并按相同组分予以混合后送检 （检验项目2适用于恢复截面整体性要求的混凝土结构构件的裂缝修复）		21. 碳纤维复合材：采用高强度的连续碳纤维按一定规则排列，经用胶粘剂浸渍、粘结固化后形成的具有碳纤维增强效应的复合材料，通称为碳纤维复合材；它包括碳纤维织物、碳纤维预成型板；碳纤维加固工程应符合下列规定： 1）承重结构加固用的碳纤维，必须采用聚丙基（PAN基）12k或12k以下的小丝束碳纤维，严禁使用大丝束碳纤维； 2）承重结构的现场粘贴加固，严禁使用单位面积质量大于300g/m^{2}的碳纤维织物或预浸法生产
				改性环氧类： 1. 初黏度及线性收缩率； 2. 钢—钢拉伸抗剪强度、注浆料与混凝土的正拉粘结强度	同厂家、同品种、同批号的产品，抽检不少于1次	每次取样3件，每件每组分称取500g，并按相同组分予以混合后送检 （检验项目2适用于恢复截面整体性要求的混凝土结构构件的裂缝修复）		

序号	名　称		检验项目	检验数量（频次）	取样(检验)方法	检验性质	备注
2.47	混凝土（含砌体）结构加固工程	主要原材料	碳纤维复合材（备注21）	抗拉强度标准值、弹性模量、极限伸长率、单位面积质量（碳纤维织物）、碳纤维体积含量（预成型板）、碳纤维织物的k数	同厂家、同品种、同批号的产品，抽检不少于1次	每次取样3件，从每件中，按每一检验项目各截取1组试样的用料	复验	22. 聚合物砂浆：掺有改性环氧乳液(或水性环氧)或其他改性共聚物乳液的高强度水泥砂浆,结构加固用的聚合物砂浆在安全性能上有专门要求,应与普通聚合物砂浆相区别 23. 在混凝土增大截面工程中,为保证钢筋密集部位新旧混凝土之间紧密接合、填充饱满并减小收缩,而掺入细石混凝土的高品质水泥基灌浆料;水泥基灌浆料分为结构加固用水泥基灌浆料和一般水泥基灌浆料二类,其区别在于后者仅可用于非承重结构的用途 24. 新增混凝土钢筋的保护层厚度抽样检验,其抽检数量、检验方法及验收合格标准应符合现行国家标准《混凝土结构工程施工质量验收规范》GB 50204的规定,但对结构加固截面纵向钢筋（钢丝）保护层厚度的允许偏差,应符合下列规定: 1）对梁类构件,为+10mm,−3 mm; 2）对板类构件,仅允许有8 mm的正偏差,无负偏差;
2.48			聚合物砂浆（备注22）	劈裂抗拉强度、抗折强度及与钢粘结拉伸抗剪强度	同厂家、同品种、同批号的产品，抽检不少于1次	每次取样3件，每件每组分称取500g，并按相同组分予以混合后送检		
2.49			水泥基灌浆料（备注23）	流动度、抗压强度、与混凝土正拉粘结强度	同厂家、同品种、同批号的产品，抽检应不少于1次	每次取样3件，每件每组分称取500g，并按相同组分予以混合后送检		
2.50		工程质量	新增混凝土或水泥基灌浆料	抗压强度	每浇筑或喷射50m³（或检验批）的同配合比混凝土或水泥基灌浆料，留置试件应不少于1组	3块×100×100×100（mm）/组		
2.51				抗压强度（同条件）	同条件养护试件的留置数量应根据混凝土工程质量及其重要性确定，且同配合比混凝土或水泥基灌浆料，留置数量不应少于3组			

序号	名　称		检验项目	检验数量（频次）	取样（检验）方法	检验性质	备注
2.52	混凝土（含砌体）结构加固工程	新增混凝土或水泥基灌浆料	钢筋保护层厚度（备注24）	对梁类、板类构件，应各抽取构件数量的 2%，且不少于 5 个构件进行检验；当有悬挑构件时，抽取的构件中悬挑梁类、板类构件所占比例均不宜小于 50%	现场检测	复验	3）对墙、柱类构件，底层仅允许有 10 mm 的正偏差，无负偏差，其他楼层按梁类构件的要求执行； 4）钢丝的保护层厚度不应少于30mm，且仅允许有 3mm 正偏差
2.53		聚合物砂浆、水泥砂浆和水泥复合砂浆	抗压强度	同一工程每一楼层（或单层），每喷抹 500 m² （不足 500 m² 按 500 m² 计）同配合比砂浆，留置试件应不少于 1 组；	3 块 × 70.7 × 70.7 × 70.7(mm)/组		25. 砌体或混凝土构件外加钢筋网—砂浆面层的钢筋保护层厚度允许偏差应符合下列规定： 1）聚合物砂浆允许有 8mm 的正偏差，无负偏差； 2）水泥砂浆和水泥复合砂浆允许有 5mm 正偏差，无负偏差
2.54			抗压强度（同条件）	同条件养护试件的留置数量应根据实际需要确定，且同配合比砂浆，留置数量不应少于 3 组			
2.55			钢筋保护层厚度（备注25）	每检验批抽取 5%，且不少于 5 处	现场检测（钢筋探测仪）		26. 承重构件外加钢筋网—砂浆面层施工过程中，当砂浆试块漏取、试块强度不作评定或试块强度评定不符合设计要求时，应采用回弹法对其抗压强度进行现场检测
2.56			回弹法检测砂浆面层抗压强度（备注26）	按每一检验批见证抽取 5 个构件，在每个构件上任选3个测区	现场检测（应按现行国家标准《砌体结构工程现场检测技术标准》GB/T 50315 的规定执行）		27. 混凝土构件增大截面，原构件界面处理应符合下列规定： 1）原构件混凝土界面（粘合面）经修整露出骨料新面后，尚应采用花锤、砂轮机或高压水射流等方法进行打毛；必要时，也可凿成沟槽；
2.57		外粘型钢注胶（湿式外包钢）	饱满度（外粘型钢胶粘剂空鼓率 <5%为合格）	全数检查	现场检测（应在粘结强度检验前进行，当饱满度探测确有困难时，可用锤击法进行检查）		

序号	名 称			检验项目	检验数量（频次）	取样(检验)方法	检验性质	备注
2.58	混凝土（含砌体）结构加固工程	工程质量	无粘结外包型钢注浆（干式外包钢）	饱满度（填塞砂浆或灌注水泥基注浆料的空鼓率<10%为合格）	全数检查	现场检测（应在粘结强度检验前进行，当饱满度探测确有困难时，可用锤击法进行检查）	复验	2）原构件混凝土界面，应按设计文件要求涂刷结构界面胶（剂），当设计对使用结构界面胶的新旧混凝土粘结强度有复验要求时，应在新增混凝土28d抗压强度达到设计要求的当日，进行新旧混凝土正拉粘结强度检验
2.59			新旧混凝土界面粘结强度(备注27)	界面胶粘合新旧混凝土正拉粘结强度	1. 梁、柱类构件以同规格、同型号的构件为一检验批，每批抽检构件总数的10%，且不少于3根；以每根受检构件为一检验组；每组3个检验点； 2. 板、墙类构件应以同种类、同规格的构件为一检验批，每批按实际粘贴、喷抹的加固材料表面积（不论粘贴的层数）均匀划分为若干区，每区 100 m²（不足100 m²按100 m²计），且每一楼层不得少于1区，以每区为一检验组，每组3个检验点	现场检测[1. 现场检验的布点应在粘结材料（胶粘剂或聚合物砂浆等）固化已达到可以进入下一工序之日进行。若因故需推迟布点日期，不得超过3d； 2. 适配性检验详见《建筑结构加固工程施工质量验收规范》GB 50550附录U]		28. 外粘型钢或粘贴钢板的原构件界面处理应符合下列规定： 1）原混凝土界面（粘合面）应采用花锤、砂轮机或高压水射流等方法进行打毛，但在任何情况下均不应凿成沟槽； 2）外粘型钢或粘贴钢板部位混凝土，其表面含水率不宜大于4%，且不应大于6% 29. 外粘碳纤维复合材的原构件界面处理应符合下列规定： 1）经修理露出骨料新面的混凝土加固粘贴部位，应进一步按设计要求修平整，并采用结构修补胶对较大孔洞、凹面、露筋等缺陷进行修补、复原； 2）粘贴碳纤维材料部位的混凝土，其表层含水率不宜大于4%，且不应大于6%
2.60			外粘型钢或粘贴钢板粘结强度(备注28)	型钢或钢板与混凝土正拉粘结强度				
2.61			碳纤维复合材粘结强度(备注29)	碳纤维复合材与混凝土正拉粘结强度				
2.62			聚合物砂浆、水泥砂浆或水泥复合砂浆粘结强度	砂浆面层与混凝土正拉粘结强度				

序号	名 称		检验项目	检验数量（频次）	取样（检验）方法	检验性质	备注
2.63	混凝土（含砌体）结构加固工程	工程质量	后锚固件（备注30）	抗拔承载力（按设计要求）	锚固质量现场检验抽样时，应以同品种、同规格、同强度等级的锚固件安装于锚固部位基本相同的同构件为一检验批，每批抽检数量如下： 1. 现场破坏性检验： 取每一检验批锚固件总数的 1‰，且不少于5件进行检验，若锚固件为植筋，且种植的数量不超过100件时，可仅取3件进行检验； 2. 现场非破坏检验： 1）锚栓锚固质量的非破损检验：①对重要结构构件，按检验批锚栓总数（n）的 20%（$n \le 100$）、10%（$n \le 500$）、7%（$n \le 1000$）、4%（$n \le 2500$）、3%（$n \ge 5000$），且不少于5件（注：当锚栓总数介于两者之间时，可按线性内插法确定抽检数量）；②对一般结构构件，可按重要结构构件抽样量的50%，且不少于5件； 2）植筋锚固质量的非破损检验：①对重要结构构件，应按其检验批总数的 3%，且不少于5件；②对一般结构构件，应按 1%，且不少于3件	现场检测（扩大检测应符合下列规定： 1. 现场检测时，对于承载力不满足设计要求的检验批，应扩大检测，扩大检测数量应不少于原检验批抽检数量的 2倍； 2. 若扩大检测时仍有承载力不满足设计要求的检验批，则认为该检验批后锚固件的承载力不满足设计要求；当条件允许时，可进行后锚固件破坏性试验，以确定该批后锚固件的抗拔极限承载力。）	复验	30. 后锚固件包括机械锚栓、粘结型锚栓、植筋和植螺杆，锚固件抗拔承载力检验包括非破坏性和破坏性检验： 1）对下列场合应采用破坏性检验方法检验： ①重要结构构件；②悬挑结构构件；③对该工程锚固质量有怀疑时；如果采用破坏性检验方法确有困难，在征得业主和设计单位同意的情况下，可改用非破损抽样检验方法； 2）对一般结构构件，其锚固件锚固质量的现场检验可采用非破损检验方法
2.64		混凝土裂缝修补	超声波法	按裂缝总数的10%，且不少于5条 （浆体饱满度 > 90% 为合格）	现场检测 [胶（浆）液固化时间达到 7d 时进行]		31. 取芯法仅用于混凝土构件，取芯点宜位于裂缝中部，检查芯样裂缝是否被胶体填充密实、饱满，粘结完整；如有补强要求，还应对芯样做劈拉强度试验；试验结果应符合现行国家标准《混凝土结构加固设计规范》GB 50367 的要求
2.65			取芯法（备注31）	每一检验批同类构件抽查10%，且不少于3条裂缝；每条取芯样1个			
2.66			承水法	按设计要求 (仅适用于现浇楼板，以承水 24h 不渗漏为合格)			

第三章 砌体结构工程

序号	名 称	检验项目	检验数量（频次）	取样（检验）方法	检验性质	备 注
3.1	主要原材料（备注1） 蒸压加气混凝土砌块	强度等级、密度等级、干缩率	同厂家、同品种、同规格、同等级，且≤10000 块的产品，抽检不少于 1 次	18块/次	复验	1. 砌体结构工程原材料应符合下列规定： 1）未列入本章的砌块（砖）均应按相关的检验标准规定取样复检； 2）采用的钢筋、混凝土用原材料进场检验详见第二章"混凝土结构工程"的相关规定； 3）原材料放射性检验仅适用于民用建筑的主体结构工程； 4）除使用量较少外，应限制使用现场拌制砂浆，提倡使用预拌砂浆和干粉砂浆
		放射性指标		2 份×3 kg/次（将样品破碎）		
		导热系数 (建筑节能工程)	同厂家、同品种的产品，当单位工程建筑面积（S）：$S \le 2000m^2$时，各抽检不少于 1 次；$2000m^2 < S \le 20000m^2$时，各抽检不少于 3 次；$S > 20000m^2$时，各抽检不少于 6 次	2 块×300×300×30(mm)/次		
3.2	普通混凝土小型空心砌块	强度等级	同厂家、同品种、同规格、同等级，且≤10000 块的产品，抽检不少于 1 次	5 块/次		
		放射性指标		2 份×2 kg/次（将样品破碎）		
3.3	轻骨料混凝土小型空心砌块	强度等级、密度等级		5 块/次		
		放射性指标		2 份×2kg/次（将样品破碎）		
3.4	蒸压灰砂砖	强度等级	同厂家、同品种、同规格、同等级，且≤10 万块的产品，抽检不少于 1 次	20 块/次		
		放射性指标		2 份×2 kg/次（将样品破碎）		
3.5	混凝土实心砖	强度等级		20 块/次		
		放射性指标		2 份×2 kg/次（将样品破碎）		
3.6	石材	强度等级	同产地、同品种、同等级的产品，抽检不少于 1 组	5 块×50×50×50(mm)/组		

序号	名　称			检验项目	检验数量（频次）	取样（检验）方法	检验性质	备　注
3.7	主要原材料（备注1）	现场拌制砂浆	水泥	常规性能	同厂家、同品种、同强度等级、同批号，且≤500t（散装水泥）或≤100 t（袋装水泥）的产品，抽检不少于1次	12 kg/次	复	2. 预拌砂浆系指由胶凝材料、细集料、水、矿物掺合料和外加剂等组分按一定比例，在集中搅拌站（厂）经计量、拌制后得到的砂浆拌合物；预拌砂浆应采用专用的运输工具运输，按要求储存，并在规定的存放时间内使用完毕；预拌砌筑砂浆出厂检验报告应包括抗压强度、粘结强度、存放时间等项目
				放射性指标		2 份×2 kg/次		
			砂	物理性能	同产地、同规格，且≤400m³ 或≤600 t 的产品，抽检不少于1次	20 kg/次		
				放射性指标		2 份×2 kg/次		
			粉煤灰	物理性能	同产地、同等级，且≤200 t 的产品，抽检不少于1次	3 kg/次		
				放射性指标		2 份×2 kg/次		
			外加剂	物理性能	同厂家、同品种、同批号，且≤50 t 的产品，抽检不少于1次	5 kg/次		
			砌筑砂浆配合比设计	配合比试验	同品种、同强度等级的砂浆，试验应不少于1次	水泥：10 kg；砂：25 kg		
3.8		预拌砂浆（备注2）	水泥	常规性能	不超过3个月，同厂家产品所使用的原材料，抽检不少于1次（搅拌站现场取样）	12 kg/次	验	
				放射性指标		2 份×2 kg/次		
			砂	物理性能		20 kg/次		
				放射性指标		2 份×2 kg/次		
			粉煤灰	物理性能		3 kg/次		
				放射性指标		2 份×2 kg/次		
			外加剂	物理性能	同厂家、同品种、同批号，且≤50 t 的产品，抽检不少于1次	5 kg/次		
3.9			干粉砂浆（备注3）	稠度、保水性、凝结时间、抗压强度等	同厂家、同品种、同强度等级、同批号，且≤400 t 的产品，抽检不少于1次	30 kg/次		
				放射性指标		2 份×2 kg/次		

序号	名　称	检验项目	检验数量（频次）	取样（检验）方法	检验性质	备　注
3.10	砌筑砂浆（备注5）	砌筑砂浆施工质量	1. 建筑工程：每一检验批且不超过250 m³砌体的各种类型及强度等级的砌筑砂浆，抽检不少于1组，且同一验收批砂浆试块的数量不得少于3组（预拌砂浆、干粉砂浆可为3组）（备注4）；2. 构筑物：每一检验批且不超过100 m³砌体的各种类型及强度等级的砌筑砂浆，抽检不少于1组；3. 城填道路工程：每一检验批且不超过50 m³砌体的各种类型及强度等级的砌筑砂浆，抽检不少于1组	3块×70.7×70.7×.70.7(mm)/组	复验	3. 干粉砂浆又称干混砂浆，系指由专业生产厂家生产，以经干燥筛分处理的细集料与胶凝材料、矿物掺合料和外加剂按一定比例混合而成，在施工现场只需加入规定用量的水（或乳液）拌和均匀即可使用的砂浆材料；干粉砂浆以袋装或散装形式供应；砌筑干粉砂浆出厂检验报告应包括抗压强度、粘结强度、存放时间等项目 4. 建筑砌体结构工程检验批的划分应同时符合下列规定：1）所用材料类型及同类材料的强度等级相同；2）不超过250m³砌体；3）主体结构砌体一个楼层（基础砌体可按一个楼层计）；填充墙砌体量少时，可多个楼层合并
		剪切粘结强度（适用于蒸压加气混凝土砌块砌体）	同厂家、同品种、同强度等级、同配合比砂浆，抽检不少于1组	10构件/组（按《蒸压加气混凝土用砌筑砂浆与抹面砂浆》JC 890要求制作）		
		贯入法检测砂浆抗压强度（备注6）	批量检测：抽检数量不应少于砌体总构件的30%，且不少于6个构件（面积不大于50 m²的砌体构件或构筑物为一个构件）	现场检测		

序号	名 称		检验项目	检验数量（频次）	取样(检验)方法	检验性质	备 注
3.11	填充墙砌体工程（备注7）	砌体砌筑砌块	产品龄期 （砌筑时，蒸压加气混凝土砌块龄期不应少于15d，普通混凝土小型空心砌块和轻骨料混凝土小型空心砌块的产品龄期不得少于28d）	每检验批抽查不应少于5处	现场检查		5. 砌体砂浆强度验收时其强度合格标准应符合下列规定： 1）同一验收批砂浆试块强度平均值大于或等于设计强度等级的1.10倍，且同一验收批砂浆试块抗压强度的最小值一组平均值应大于或等于设计强度等级的85%； 2）建筑工程、构筑物砌筑砂浆的验收批，同一类型、强度等级的砂浆试块不得少于3组（预拌砂浆、干粉砂浆可为3组）； 3）除建筑工程、构筑物外，砌筑砂浆的验收批，同一类型、强度等级的砂浆试块，不应少于3组；当同一检验批只有1组或2组试块时，每组试块抗压强度平均值应大于或等于设计强度等级的1.10倍
3.12		砌体顶部构造（备注8）	砌体顶部补砌 （砌体顶部预留200mm左右空隙，后将其补砌顶紧；墙高小于3m时，间隔3d后可顶砌；墙高大于3m时，间隔5d后顶砌）	每检验批抽查不应少于5处	现场检查		
3.13		砌体的转角和纵横墙交界处构造	拉结钢筋设置 （砌体的转角和纵横墙交界处应同时留斜槎，在施工中因客观条件的限制，无法留置斜槎时，可采用留置直槎（凸槎），并配置拉结钢筋，拉结钢筋按本章第3.14条相关规定设置）	每检验批抽查不应少于5处	现场检查	检 验	
3.14		砌体与混凝土构件之间的拉结钢筋	拉结钢筋设置 （1. 沿楼层全高每隔3皮砌块并不超过600mm设置2φ6拉结钢筋； 2. 拉结钢筋宜根据皮数杆的标识设置于灰缝所在位置的混凝土墙柱上； 3. 钢筋伸入砌体内的长度，对于普通混凝土小型空心砌块和轻骨料混凝土小型砌块，宜为500mm；对于蒸压加气混凝土砌块，宜为700mm； 4. 拉结钢筋应砌入水平灰缝中，有拉结钢筋处水平灰缝厚度应比拉结钢筋直径大4mm）	每检验批抽查不应少于5处	现场检查		
			后锚拉结钢筋抗拔承载能力 （对于承载力不满足要求时，扩大检测数量应为原检测数量的2倍）	拉结钢筋总数的1‰，且不少于3根	现场检测	复验	

序号	名 称		检验项目	检验数量（频次）	取样（检验）方法	检验性质	备 注
3.15	填充墙砌体工程（备注7）	砌体的构造柱、水平连系梁和过梁	构造柱设置 （1. 墙长超过 5 m 时，应在墙中部每隔不超过 5 m 设置钢筋混凝土构造柱； 2. 构造柱纵向钢筋顶部和底部应锚入混凝土梁或板中； 3. 构造柱拉结钢筋设置同本章第3.14条）	每检验批抽查不应少于 5 处	现场检查 （门窗洞口的宽度小于600mm 时，可采用 30mm 厚的M10 水泥砂浆内设 2ϕ8 的钢筋过梁，钢筋应埋入砂浆中，锚入洞口两边砌体≥250 mm）	检 验	6. 当施工中或验收时出现下列情况，可采用现场检验方法（如贯入法）对砂浆抗压强度进行实体检测，并判定其强度： 1）砂浆试块不作评定或试块留置数量不足； 2）砂浆试块的试验结果，不能满足设计要求； 3）对砂浆试块的试验结果有怀疑或有争议
			水平连系梁设置 （墙高超过 4m 时，墙体半高处应设置端部与结构构件连接且沿墙全长贯通的钢筋混凝土水平连系梁）				
			过梁设置 （门窗洞口宽度大于 600mm 时，应设置钢筋混凝土过梁）				
			混凝土抗压强度	每检验批砌体，留置试块不应少于 1 组，且验收批砌体试块不得少于 3 组	3 块×150×150×150 (mm)/组（标准试块）	复 验	
3.16		蒸压加气混凝土砌块和轻骨料混凝土小型砌块的墙体底部构造	现浇混凝土坎台或混凝土普通实心砖和普通混凝土小型空心砌块设置 （1. 在厨房、卫生间、浴室等有防水要求的房间，墙底部应现浇 C15 混凝土坎台，高度不得小于 200 mm； 2. 客厅、卧室等无防水要求的房间，墙底部砌筑混凝土普通实心砖和普通混凝土小型空心砌块，或应现浇 C15 混凝土坎台，其高度不宜低于室内地坪以上 200 mm）	每检验批抽查不应少于 5 处	现场检查	检 验	

序号	名 称		检验项目	检验数量 (频次)	取样(检验) 方法	检验 性质	备 注
3.17	填充墙砌体工程（备注7）	门窗框与砌体之间的缝隙处理	缝隙处理 （缝隙处理按设计要求或采用下列方法之一： 1. 用纤维防水砂浆或聚合物砂浆塞密实并涂刷聚合物水泥基防水涂料一层，涂膜厚度不小于 1.0 mm； 2. 用聚氨酯 PU 发泡胶或其他弹性材料封填时应在门窗框与外墙交界处留 10 mm 深凹槽，用纤维防水砂浆或聚合物砂浆塞密实，再刷 1.0mm 厚聚合物水泥防水涂料）	每检验批抽查不应少于 5 处	现场检查	检验	7. 填充墙砌体（或称非承重砌体）是一种采用砌块砌筑的仅承受自重荷载的墙体，目前，各地区多采用蒸压加气混凝土砌块、普通混凝土小型空心砌块、轻骨料混凝土小型空心砌块和灰砂砖等砌体砌筑填充墙；填充墙与承重墙、柱、梁的连接钢筋，当采用化学植筋的连接方式时，应进行实体检测；锚固钢筋拉拔试验的轴向受拉非破坏承载力检验值应为 6.0kN
3.18		蒸压加气混凝土砌体	砌体转角处构造				
			拉结钢筋设置 （砌体转角应在水平灰缝中放置 2φ6 拉结钢筋，钢筋伸入墙内不宜小于 700 mm，竖向间距不应大于 1 m）	每检验批抽查不应少于 5 处	现场检查		
			砌体的上下皮砌块的搭砌				
			竖向灰缝和 拉结钢筋设置 （上下皮砌块的竖向灰缝应相互错开长度宜为 300 mm，并不应小于 150 mm；如不能满足要求，应在水平灰缝处设置 2φ6 的接续钢筋，其长度应不小于 700 mm；但竖向通缝不得超过两皮砌块）	每检验批抽查不应少于 5 处	现场检查		
			门窗洞口砌体混凝土埋件				
			混凝土埋件设置 [1. 外墙门窗洞口两侧上、中、下应预埋 C20 细石混凝土块（每侧不少于 3 块）； 2. 内墙当墙体厚度小于 200mm 时，应沿门洞两侧上、中、下应预埋 C20 细石混凝土块（每侧不少于 3 块）]	每检验批抽查不应少于 5 处	现场检查 （重型门的洞口，应按设计要求施工，当设计无要求时，应沿门两侧现浇混凝土构造柱）		

序号	名 称		检验项目	检验数量（频次）	取样（检验）方法	检验性质	备 注
3.18	填充墙砌体工程（备注7）	蒸压加气混凝土砌体	砌体窗台处构造	窗台处现浇（或预制）钢筋混凝土窗台板和设置拉结钢筋（1. 窗洞口宽度大于900 mm时，窗台处采用现浇（预制）钢筋混凝土窗台板，板厚不宜小于100 mm，两端伸入砌体不应小于400 mm；2. 窗洞口宽度小于900 mm时，可在窗洞口一皮砌块下的水平灰缝中设置3φ6拉结钢筋，钢筋伸入窗洞口两侧每边不应小于700 mm）	每检验批抽查不应少于5处	现场检查	检 验	8. 关于砌体顶砌块砌筑，深圳市推荐配套砌块斜顶的砌筑方法；目前，在北京、上海等地，出现了其他顶砌块砌筑的新方法，施工单位在取得经验和采取可靠措施的情况下，也可采用，如干粉砂浆顶砌，在砌体顶部预留30 mm左右空隙，采用专用干粉砂浆塞缝顶紧等方法
3.19			砌体灰缝	砂浆饱满度（应不小于85%）	每检验批抽查不应少于5处	现场检查		
3.20	石砌体工程		石砌挡土墙泄水孔	泄水孔设置（当设计无规定时，应符合下列规定：1. 泄水孔应均匀设置，在每米高度上间隔2m左右设置一个泄水孔；2. 泄水孔与土体间铺设长宽各为300 mm，厚200 mm的卵石或碎石作疏水层）	每检验批抽查不应少于5处	现场检查（挡土墙内侧回填土必须分层夯填，分层松土厚度宜为300mm）		

第四章　钢结构工程

序号	名　称		检验项目	检验数量（频次）	取样（检验）方法	检验性质	备　注
4.1	主要原材料（备注1、2）	碳素结构钢	力学性能	同厂家、同牌号、同规格，且≤60 t 的产品，抽检不少于 1 组（进口钢材复检取样应按设计要求和合同规定执行）	钢板：2 件 × 400 × 30(mm)/组；型材：2 段 × 400 mm/组；圆钢：2 段 × 400 mm/组	复验或检验	1. 对属于下列情况之一的钢材，应进场复验：1）国外进口钢材；2）钢材混批；3）设计有复验要求的钢材；4）对质量有争议的钢材；5）安全等级为一级的钢结构采用的钢材；6）板厚度等于或大于 40mm，且设计有 Z 向性能要求的厚板 2. 重要钢结构及加固工程采用焊条、焊剂等，焊接材料应进场复验 3. 钢结构焊接工程应符合下列规定：1）设计要求全焊透的一、二级焊缝，外观质量不得有表面气孔、夹渣、弧坑裂纹、电弧擦伤等缺陷，且一级焊缝不得有咬边、未焊满、根部收缩等缺陷；内部质量采用超声波探伤进行内部缺陷的检验，超声波探伤不能对缺陷作出判断的，应采用射线探伤，其探伤方法及内部缺陷分级应
		优质碳素结构钢					
4.2		焊条	物理力学性能	同厂家、同牌号、同批号，且≤50 t 的产品，抽检不少于 1 次	在每批焊条 3 个部位平均取代表性样品		
4.3		焊剂			10 kg/次（分散抽取）		
4.4	钢结构焊接工程（备注3）	全焊透的一、二级焊缝	外观质量	每批同类构件抽查 10%，且不应少于 3 件；每件每一类型焊缝按条数抽查 5%，且不少于 1 条；每条查 1 处，总抽查数不少于 10 处	现场检查（观察检查或使用放大镜、焊缝量规和钢尺检查，当存在异议时，采用渗透或磷粉探伤检查）	检验	
			超声波和射线探伤	探伤比例：焊缝质量一级：100%焊缝质量二级：20%（如产品出厂前工厂制作焊缝，已委托第三方按照验收要求进行探伤检测，其产品进场后，一、二级焊缝按焊缝处数随机抽检 3%，且不应少于 3 处）	现场检测（探伤比例的计算方法：1. 对产品出厂前工厂制作的焊缝，应按每条焊缝计算百分比，且探伤长度应不小于 200 mm；2. 对现场安装焊缝，应按同一类型、同一施焊条件的焊缝条数计算百分比，探伤长度应不小于 200 mm，且不少于 1 条焊缝）	复验	

序号	名　称	检验项目	检验数量(频次)	取样(检验)方法	检验性质	备　注
4.5	普通螺栓(永久性)	螺栓实物最小载荷试验	同厂家、同牌号、同规格的产品,抽检不少于1组	8个/组(按设计要求)	复验	符合现行国家标准《钢焊缝手工超声波探伤方法和探伤结果分级法》GB 11345或《钢熔化焊对接接头射线照相和质量分级》GB 3323的规定; 2)焊接球节点网架焊缝、螺栓球节点焊缝及圆管T、K、Y形节点相关线焊缝,其探伤方法及内部缺陷分级应分别符合现行国家标准《焊接球节点钢网架焊缝超声波探伤方法及质量分级法》JBJ/T 3034.1、《螺栓球节点钢网架焊缝超声波探伤方法及质量分级法》JBJ/T 3034.2、《建筑钢结构焊接技术规程》JGJ 81的相关规定; 3)施工单位对其首次采用的钢材、焊接材料、焊接方法、焊后热处理等,应进行焊接工艺评定; 4)T形接头、十字接头、角接接头等要求熔透对接和角对接组合焊缝,其焊脚尺寸要求详见《钢结构工程施工质量验收规范》GB 50205的相关规定; 5)焊缝探伤检验均应在焊缝外观质量检验合格后进行
4.6	高强度大六角头螺栓连接副	扭矩系数	同厂家(性能等级)、材料、炉号、螺栓(直径)规格、长度(当螺栓长度≤100mm时,长度相差≤15mm;当螺栓长度>100mm时,长度相差≤20mm,可视为同一长度)、机械加工、热处理工艺、表面处理工艺的螺栓、螺母、垫圈组成的连接副,且≤6000套为一批,每批抽检不小于1组	8套/组(1.当高强度螺栓连接副保管时间超过6个月后使用时,应重新进行试验;2.大六角头高强度螺栓连接副由一个螺栓、一个螺母和两个垫圈组成;3.扭剪型高强度螺栓连接副由一个螺栓、一个螺母和一个垫圈组成)		
4.7	扭剪型高强度螺栓连接副	紧固轴力(预拉力)				
4.8	高强度螺栓连接摩擦面处理工艺试验(备注4)	抗滑移系数	按工程量每2000t为一批,不足2000t的可视为一批,每批抽检不小于1组,选用两种及两种以上表面处理工艺时,每种处理工艺应单独检验	3套(试件)/组		
4.9	高强度大六角头螺栓连接副施工(备注5)	终拧扭矩	按节点数抽查10%,且不应少于10个,每个被抽查节点按螺栓数抽查10%,且不应少于2个	现场检验(采用扭矩法或转角法检验)	检验	
4.10	扭剪型高强度螺栓连接副施工(备注6)	终拧扭矩	按节点数抽查10%,且不应少于10个节点,每个被抽查节点中梅花头未拧掉的扭剪型高强度螺栓连接副全数进行终拧扭矩检查	现场检验(尾部梅花头被拧掉视同其终拧扭矩达到合格质量标准)		

序号	名　称	检验项目	检验数量（频次）	取样（检验）方法	检验性质	备　注
4.11	焊接球焊缝	超声波探伤	每一规格按数量抽检5%，且不应少于3个	现场检测（如其中一只不合格，加倍取样检验）	复验	4. 高强度螺栓连接摩擦面处理工艺试验用的试件应由制造厂加工，试件与所代表的钢结构件应为同一材质、同一批制作、采用同一摩擦面处理工艺和相同的表面状态，并应用同批、同一性能的高强度螺栓连接副
4.12	球与钢管焊接承载力	轴心受拉受压强度	取受力最不利的球节点，且≤600只为一批，每批抽检不少于1组	3只/组（球与钢管焊接试件）		
4.13	螺栓球最大螺栓孔承载力	抗拉强度	按受力最不力的同规格，且≤600只螺栓球为一批，每批抽检不少于1组	3只/组（高强度螺栓与螺栓球配合试件）		
4.14	钢网架结构工程（备注3、7） 高强度螺栓	表面硬度	同厂家、同牌号、同规格的产品，抽检不少于1组	8只/组	复验或检验	5. 高强度大六角头螺栓连接副施工扭矩检验分扭矩法检验和转角法检验两种，原则上检验法与施工法应相同；扭矩检验应在终拧1h后、24h内完成；扭矩法检验、转角法检验详见《钢结构工程施工质量验收规范》GB 50205；如检验发现有不符合规定的，应扩大1倍检查，如仍有不合格者，则整个节点的高强度螺栓要重新施拧
4.15	高强度螺栓承载力	抗拉强度	同厂家、同规格，且≤600只产品为一批，每批抽检不少于1组	3只/组（高强度螺栓与螺栓球配合试件）		
4.16	钢管杆件与封板或锥头的焊接承载能力	抗拉强度	取受力最不利的同规格的杆件，且≤300根为一批，每批抽检不少于1组	3根/组		
4.17	钢管杆件与封板、锥头的焊缝	超声波探伤	每种杆件抽检5%，且不少于5件	现场检测（每一焊口全长检测）	复验	
4.18	拉杆与球对接焊缝	超声波探伤	抽检不少于焊口总数的20%	现场检测（取样部位由设计与施工协商确定）		
4.19	钢网架结构	挠度	全数检验（钢网架结构总拼完成后及屋面工程完成后应分别检测）	现场检测（所测的挠度值不应超过相应设计值的1.15倍）	检验	

序号	名 称	检验项目	检验数量(频次)	取样（检验）方法	检验性质	备 注
4.20	钢结构涂装工程（备注8）	防腐涂料	厚度	按构件数抽查10%，且同类构件不少于3件	现场检测	复验	6. 扭剪型高强度螺栓连接副施工扭矩检验观察尾部梅花头拧掉情况；尾部梅花头被拧掉视同其终拧达到合格质量标准；除因构造原因无法使用专用扳手外，未在终拧中拧掉梅花头的螺栓数不应大于该节点螺栓数的5%；对所有梅花头未拧掉的扭剪型高强度螺栓连接副应采用扭矩法或转角法检验；如检验发现有不符合规定的，应扩大1倍检查，如仍有不合格者，则整个节点的高强度螺栓要重新施拧
			VOC和苯、甲苯、二甲苯、乙苯	同厂家、同品种、同批号的产品，抽检不少于1次	1原装桶/次		
4.21		防火涂料	厚度	按构件数抽查10%，且同类构件不少于3件	现场检测		
			粘结强度、抗压强度	同厂家、同品种、同批号，且≤100 t的薄涂型产品或≤300 t的厚涂型产品，抽检不少于1次	5 kg/次（薄涂型的防火涂料仅检验粘结强度）		7. 钢网架结构工程验收应符合下列规定：对于安全等级为一级，跨度40m以上公共建筑所采用的网架结构，第4.12～4.16条为复验项目
			游离甲醛	同厂家、同品种、同批号的产品，抽检不少于1次	1原装桶/次		
4.22	安装埋件	钢结构连接后锚固件（备注9）	抗拔承载力（按设计要求）	同规格、同型号，且基本相同部位的后锚固件为一个检验批，每批抽检锚固件总数的1%,且不少于3根	现场检测		8. 防腐涂料的VOC和苯、甲苯、二甲苯、乙苯和防火涂料的游离甲醛等项目检验适用于民用建筑室内工程 9. 后锚固件扩大检测要求同"建筑装饰装修工程"备注10

第五章　建筑装饰装修工程

序号	名　称		检验项目	检验数量（频次）	取样（检验）方法	检验性质	备　注
5.1	抹灰（含防水）工程（备注1）	现场拌制砂浆	水泥 常规性能	同厂家、同品种、同强度等级、同批号，且≤500 t（散装水泥）或≤200 t（袋装水泥）的产品，抽检不少于1次	12 kg/次	复验	1. 建筑装饰装修工程材料验收应符合下列规定： 1）除用于现场修补或少量使用外，应限制使用现场拌制砂浆（包括抹灰、地面砂浆等）； 2）原材料的放射性性能指标、游离甲醛、挥发性有机化合物（VOC）、苯、甲苯、二甲苯、游离甲苯二异氰酸酯（TDI）等污染物检验项目，适用于民用、公用建筑室内工程
			水泥 放射性指标		2 份×2 kg/次		
		砂	物理性能	同产地、同规格，且≤400m³或≤600 t的产品，抽检不少于1次	20 kg/次		
			放射性指标		2 份×2 kg/次		
		外加剂	物理性能	同厂家、同品种、同批号，且≤50 t的产品，抽检不少于1次	5 kg/次		
5.2		预拌砂浆（备注2）	水泥 常规性能	不超过3个月，同厂家产品所使用的原材料，抽检不少于1次（搅拌站现场取样）	12 kg/次		
			水泥 放射性指标		2 份×2 kg/次		
		砂	物理性能		20 kg/次		
			放射性指标		2 份×2 kg/次		
		粉煤灰	物理性能		2 kg/次		
			放射性指标		2 份×2 kg/次		
		外加剂	物理性能	同厂家、同品种、同批号，且≤50 t的产品，抽检不少于1次	5 kg/次		
5.3		干粉砂浆（备注3）	物理性能	同厂家、同品种、同强度等级，且≤400 t的产品，抽检不少于1次	10 kg/次		
			放射性指标	同厂家、同品种、同强度等级的产品，抽检不少于1次	2 份×2 kg/次		

序号	名 称	检验项目	检验数量（频次）	取样（检验）方法	检验性质	备 注
5.4	水性胶粘剂（备注4）	VOC、游离甲醛	同厂家、同品种、同批号的产品，抽检不少于1次	1×原装桶/次	复验	2. 预拌砂浆系指由胶凝材料、细集料、水、矿物掺合料和外加剂等组分按一定比例，在集中搅拌站（厂）经计量、拌制后得到的砂浆拌合物；预拌砂浆应采用专用的运输工具运输，按要求储存，并在规定的存放时间内使用完毕；预拌抹灰砂浆、地面砂浆和防水砂浆出厂检验报告应包括抗压强度、粘结强度、抗渗性和存放时间等项目
5.5	抹灰（含防水）工程（备注1）	抹灰砂浆施工质量	抗压强度（备注5）	同厂家、同品种、同强度等级、同配合比，且≤50m³的砂浆，留置试件不少于1组（同一验收批不应少于3组）	3块×70.7×70.7×70.7(mm)/组		
			粘结强度	同厂家、同品种、同强度等级、同配合比，且≤200 m³的砂浆，留置试件不少于1组	10试件/组（按《建筑砂浆基本性能试验方法标准》JGJ/T 70要求制作）		
			抗渗压力（防水砂浆）		6块×70（上口直径）×80（下口直径）×30 高(mm)/组		
			粘结强度、抗拔试验	同厂家、同品种、同强度等级、同配合比，且≤5000 m²的外墙、顶棚抹灰砂浆及抹灰砂浆抗压强度检验不合格的内墙，抽检不少于1组；当外墙或顶棚抹灰砂浆抗压强度检验不合格时，抽检不少于2组	现场检测（取样面积不应小于2 m²，取样数量应为7个）		
5.6	外墙面防水涂料（备注6）	无机防水涂料：抗折强度、粘结强度、抗渗性等	同厂家、同品种、同批号，且≤10 t的产品，抽检不少于1次	5 kg/次（水泥、粉料各半）		
		有机防水涂料：固体含量、拉伸强度、断裂伸长率、柔性、不透水性等	同厂家、同品种、同批号，且≤5 t的产品，抽检不少于1次	3 kg/次（多组分按配比取样）		

序号	名 称	检验项目	检验数量（频次）	取样（检验）方法	检验性质	备 注
5.7	铝合金型材（备注7）	物理力学性能	同厂家、同品种、同规格的产品，抽检不少于1组	2根 ×1m/组		3. 干粉砂浆又称干混砂浆，系指由专业生产厂家生产，以经干燥筛分处理的细集料与胶凝材料、矿物掺合料和外加剂按一定比例混合而成，在施工现场只需加入规定用量的水（或乳液）拌和均匀即可使用的砂浆材料；干粉砂浆以袋装或散装形式供应；普通干粉砂浆包括干粉抹灰砂浆、干粉地面砂浆和干粉防水砂浆等；特种干粉砂浆包括饰面砖胶粘剂、界面处理剂等；抹灰、地面用干粉砂浆出厂检验报告应包括抗压强度、粘结强度和抗渗性等项目
5.8	PVC-U型材（备注8）	物理力学性能	同厂家、同品种、同规格的产品，抽检不少于1组	6根 ×1m/组，（另送5个可焊接性试样）		
5.9	门窗玻璃（备注9）	厚度、钢化玻璃的表面应力、碎片状态、抗冲击性、霰弹袋冲击性能等（按设计要求）	同厂家、同品种、同规格的产品，抽检不少于1次	按相应检验标准规定取样	复	
		可见光透射比、遮阳系数、中空玻璃的露点、紫外线透射比（贴膜玻璃）、传热系数（天窗玻璃）(建筑节能工程)	同厂家、同品种的产品，抽检不少于1次	每次取样：3块×100×100(mm)；或者：2块×整幅玻璃；中空玻璃加送：3块×360×510(mm)		
5.10	密封胶条	热空气老化性能（按设计要求）	同厂家、同品种、同规格的产品，抽检不少于1次	按相应检验标准规定取样	验	
5.11	五金配件	最小荷载（按设计要求）	同厂家、同品种、同规格的产品，抽检不少于1次	按相应检验标准规定取样		
5.12	硅酮结构密封胶（备注17）	相容性、剥离粘结性、邵氏硬度、标准状态拉伸粘结强度	同厂家、同品种、同批号，且≤3t的产品，抽检不少于1次	每次取样：胶：2kg或2支；金属型材：4块×150mm；玻璃：2块×150×75(mm)		

序号	名　称		检验项目	检验数量（频次）	取样（检验）方法	检验性质	备　注
5.13	门窗工程	外门窗性能	抗风压性能	1. 同一工程建筑外门窗户面积＞5000 m²时，按同厂家、同品种、同类型主规格产品，各抽检不少于1组； 2. 同一工程建筑外门窗户面积≤5000 m²时，按同厂家用量最大的主规格产品，抽检不少于1组； 3. 建筑节能工程外窗气密性：同厂家、同品种、同类型的产品，各抽检不少于1组 （注：同品种、同类型的外门窗指同类型材、同品种玻璃和相同开启方式的外门窗）	3樘/组 [1. 样窗需加装附加框，附加框一般用大于25mm的铝合金型材； 2. 样窗最大为2300×2900(mm)，最小为700×800(mm)； 3. 送检时应提交门窗制造详图]	复验	4. 该检验项目适用于为改善内（外）墙和顶棚的抹灰层的粘结强度，在基层涂刷掺有水性胶粘剂的水泥浆 5. 同一验收批的抹灰砂浆试块抗压强度平均值应大于或等于设计强度等级值，且抗压强度最小值应大于或等于设计强度等级值的75%；当同一验收批试块少于3组时，每组试块抗压强度均应大于或等于设计强度等级值；当抹灰砂浆试块抗压强度检验不合格时，应在现场对抹灰层进行拉伸粘结强度检验，并以其检测结果来评判抹灰质量 6. 常用无机防水涂料如聚合物乳液防水涂料、聚合物水泥防水涂料等；常用有机防水涂料如聚氨酯防水涂料等
			水密性能				
			气密性能				
5.14		外门窗设置	推拉门窗防脱落装置	全数检验	现场检查 （1. 悬开窗的开启角度不宜＞30°，开启距离不宜＞300 mm； 2. 无室外阳台的外窗距室内地面高度小于0.9 m时，必须加设可靠的防护措施，窗台离地面高度低于0.6 m的凸窗，其计算高度应从窗台面开始计算）	检验	
			悬开窗限位装置				
			窗防护措施				
			窗防雷措施（备注10）				
5.15	吊顶工程	石膏板	放射性指标	同厂家、同品种、同规格的产品，抽检不少于1次	2份×2kg/次（将样品碾碎）	复验（备注1、11）	
		矿棉板					
5.16		人造木板（面积＞500m²）	游离甲醛		每次随机抽取木板一块，截取半张		

序号	名 称		检验项目	检验数量（频次）	取样（检验）方法	检验性质	备 注
5.17	轻质隔墙工程	石膏空心板	放射性指标	同厂家、同品种、同规格的产品，抽检不少于1次	2份×2 kg/次（将样品碾碎）	复验（备注1、11）	7. 门窗用铝型材主受力部位最小壁厚：门≥2.0 mm；窗≥1.4 mm
		纸面石膏板					
		水泥纤维板					
5.18		人造木板（面积>500 m²）	游离甲醛		每次随机抽取木板一块，截取半张		8. 门窗用PVC主型材可视面最小实测壁厚：平开窗≥2.5 mm；推拉窗≥2.2 mm；平开门≥2.8 mm；推拉门≥2.5 mm；（内腔增强型钢的最小厚度：窗>1.5 mm；门>2.0 mm）
5.19	饰面板（砖）工程（备注1、12）	外墙饰面板（砖）	陶瓷类：尺寸、表面质量、吸水率、破坏强度及断裂模数等	同厂家、同品种、同规格的产品，抽检不少于1次	30块/次（且不小于1m²）	复验	
			石材类：弯曲强度（按设计要求）		按相应检验标准规定取样		
			太阳辐射吸收系数(建筑节能工程)	同厂家、同品种，且≤5000 m²的产品，抽检不少于1次	5块/次		
5.20		内墙饰面板（砖）	陶瓷、石材类（面积>200 m²）：放射性指标	同厂家、同品种、同规格的产品，抽检不少于1次	2份×2 kg/次（将样品碾碎）		
5.21			木材类（面积>500 m²）：游离甲醛		每次随机抽取木板一块，截取半张		
5.22		水泥类粘结料	粘结强度	同厂家、同品种、同类型的产品，抽检不少于1组	10试件/组（按《建筑砂浆基本性能试验方法标准》JGJ/T 70-2009要求制作）		
5.23		干挂石材用环氧胶粘剂	适用期、弯曲弹性模量、拉剪强度、压剪强度等	同厂家、同品种、同批号，且≤3 t的产品，抽检不少于1次	每次取样：胶：1kg；"济南青"石材料：5块×50×50×板厚(mm)		

序号	名　称	检验项目	检验数量（频次）	取样（检验）方法	检验性质	备　注
5.24	硅酮建筑密封胶（备注17）	石材用：相容性、剥离粘结性、污染性	同厂家、同品种、同批号，且≤3 t的产品，抽检不少于1次	每次取样：胶：2 kg或2支；石材：2块×150×75(mm)和24块×75×25×2(mm)	复验	9. 下列情况门窗必须采用安全玻璃：1）在人员流动较多、可能产生拥挤和儿童集中的公共场所的门和落地窗，必须采用钢化玻璃或夹丝玻璃等安全玻璃，并设置明显的警示标志；2）层数≥7层时，应采用安全玻璃；3）单块玻璃大于1.5 m² 时，应采用安全玻璃；4）无室外阳台的外窗台距内地面高度小于0.9 m 时，应采用安全玻璃
5.25	饰面板安装后锚固件（备注13）	抗拔承载力（按设计要求）	同规格、同型号，且基本相同的部位的后锚固件为一个检验批，每批抽检锚固件总数的1%，且不少于3根	现场检测		
5.26	外墙粘贴饰面砖	粘结强度、抗拔试验	样板检验：每种类型的基层上各粘贴至少 1m² 饰面砖样板件，每组类型的样板取 1 组 3 个试样	现场检测（验收检验前）		
5.27	外墙粘贴饰面砖	粘结强度、抗拔试验	验收检验：每 1000 m² 同类墙体饰面砖为一个检验批，不足 1000 m² 按 1000 m² 计，每批取 1 组 3 个试样，每相邻的 3 个楼层应至少取 1 组试样。	现场检测（1. 试样应随机抽取，取样间距不得小于 500 mm；2. 未进行样板检验的工程，每 300m² 同类墙体饰面砖为一个检验批）		
5.28	外墙涂料（备注14）	施工性、干燥时间、对比率、耐水性、耐碱性、耐洗刷性、耐粘污性	同厂家、同品种、同批号的产品，抽检不少于1次	3～4 kg/次		
		太阳辐射吸收系数（建筑节能工程）	同厂家、同品种，且≤5000 m² 的产品，抽检不少于1次	2 L/次		
		反射隔热涂料：太阳反射率、半球发射率（建筑节能工程）		5 kg/次		

（饰面板（砖）工程（备注1、12）、涂饰工程（备注1）为左侧"名称"列竖排内容）

序号	名 称	检验项目		检验数量（频次）	取样（检验）方法	检验性质	备 注
5.29	涂饰工程（备注1）	内墙涂料（备注14）	施工性、干燥时间、对比率	同厂家、同品种、同批号的产品，抽检不少于1次	3~4kg/次	复验	10. 建筑金属外窗的防雷应符合下列规定：一、二、三类防雷建筑物，其建筑高度分别在30m、45m、60m及以上的外墙窗户，应采取防侧击和等电位保护措施，与建筑物防雷装置进行连接
			水性涂料 游离甲醛		1×原装桶/次		
			溶剂型涂料 VOC、苯、甲苯+二甲苯、游离二异氰酸酯（TDI）				
5.30		外墙腻子（备注15）	施工性、干燥(表干)时间、初期干燥抗裂性、打磨性、吸水量、耐水性、耐碱性、粘结强度、动态抗裂性	同厂家、同品种、同批号的产品，抽检不少于1次	3~4kg/次		
5.31		内墙腻子（备注15）	施工性、干燥(表干)时间、打磨性、粘结强度（N型还应检验耐水性、耐碱性）	同厂家、同品种、同批号的产品，抽检不少于1次	3~4kg/次		
			放射性、游离甲醛、VOC		1原装桶/次		
5.32	幕墙工程（备注16）	幕墙玻璃	可见光透射比、传热系数、遮阳系数和中空玻璃露点（建筑节能工程）	同厂家、同品种的产品，抽检不少于1次	每次取样：3块×100×100(mm)；或者：2块×整幅玻璃中空玻璃加送3块×360×510(mm)		
5.33		硅酮结构密封胶（备注17）	相容性、剥离粘结性、邵氏硬度、标准状态拉伸粘结强度	同厂家、同品种、同批号，且≤3t的产品，抽检不少于1次	每次取样：胶：2kg或2支；金属型材：4块×150mm；玻璃、石材、铝塑复合板等：2块×150×75(mm)		

序号	名　称	检验项目	检验数量（频次）	取样（检验）方法	检验性质	备　注
5.34	干挂石材用环氧胶粘剂	适用期、弯曲弹性模量、拉剪强度、压剪强度等	同厂家、同品种、同批号的产品，抽检不少于1次	每次取样： 胶：1kg； "济南青"石材： 5块×50×50×板厚(mm)		11. 未列入本章的吊顶、轻质隔墙采用的无机非金属材料，均应进行复检 12. 饰面板（砖）工程包括饰面板安装和饰面砖粘贴分项工程，部分饰面板安装与金属、石材幕墙的施工工艺相同，应注意区分
5.35	硅酮建筑密封胶（备注17）	1. 玻璃、金属等用： 相容性、剥离粘结性； 2. 石材用： 相容性、剥离粘结性、污染性	同厂家、同品种、同批号，且≤3t的产品，抽检不少于1次	每次取样： 胶：2 kg或2支； 金属型材：4块×150 mm； 玻璃、石材、铝塑复合板等：2块×150×75(mm)； 另附石材（污染性）：24块×75×25×12(mm)； 附件：500 mm	复	
5.36	铝塑复合板	剥离强度	同厂家、同品种、同规格，且≤3000m²的产品，抽检不少于1次	3块×1m²/次		
5.37	石材（厚度应≥25 mm）	弯曲强度	同厂家、同品种、同规格的产品，抽检不少于1次	按相应检验标准规定取样	验	
		放射性指标		2份×2 kg/次（将样品碾碎）		
5.38	金属板材表面氟碳树脂涂层	物理性能	同厂家、同品种、同规格的产品，抽检不少于1次	3块/次		
5.39	铝合金型材（备注18）	物理力学性能	同厂家、同品种、同规格的产品，抽检不少于1组	2根×1m/组		
5.40	隔热型材	抗拉强度、抗剪强度(建筑节能工程)	同厂家、同品种的产品，抽检不少于1组	4根×100 mm/组（从4根型材截取）		
5.41	钢型材（备注18）	物理力学性能	同厂家、同牌号、同规格，且≤60 t的产品，抽检不少于1组	2段×400mm/组		

（表左侧跨行列："幕墙工程（备注16）"）

序号	名 称	检验项目	检验数量（频次）	取样（检验）方法	检验性质	备 注
5.42	幕墙连接后锚固件（备注13）	抗拔承载力（按设计要求）	同规格、同型号，且基本相同部位的后锚固件为一个检验批，每批抽检锚固件总数的1%，且不少于3根	现场检测	复验	13. 后锚固件扩大检测应符合下列规定： 1）现场检测时，对于承载力不满足设计要求的检验批，应扩大检测，扩大检测数量应不少于原检验批抽检数量的2倍； 2）若扩大检测时仍有承载力不满足设计要求的检验批，则认为该检验批后锚固件的承载力不满足设计要求；当条件允许时，可进行后锚固件破坏性试验，以确定该批后锚固件的抗拔极限承载力
5.43	幕墙性能	水密性能	当幕墙面积大于建筑外墙面积50%或3000 m²时，制作1件试件；对于多种幕墙组成的组合幕墙，面积大于1000 m²的每一种幕墙要制作1件试件	试件规格：3.0×4.5(m)以内、6.0×5.0(m)以内、6.8×8.0(m)以内，按产品试验图纸安装	验	
		气密性能				
		抗风压性能				
		平面内变形性能				
5.44	幕墙工程（备注16） 幕墙细部构造	防雷措施	全数检查（幕墙的金属框梁应与主体的防雷体系可靠连接）	现场检查	检 验	
		悬开窗限位装置	全数检查（悬开窗的开启角度不宜大于30°，开启距离不宜大于300 mm）	现场检查		
		安全玻璃及警示标志	全数检查（人员流动密度大、青少年或幼儿活动的公共场所及使用中容易受到撞击的部位，其玻璃幕墙应采用安全玻璃，并设置明显的警示标志）	现场检查		
		楼梯、隔墙处的缝隙封墙材料	全数检查	现场检查（应采用防火封墙材料封墙）		
		窗间墙填充材料（含窗槛墙）	全数检查（当外墙采用耐火极限不低于1 h的不燃烧体时，其墙内填充材料可采用难燃烧材料，如岩棉、矿棉、玻璃棉等）	现场检查		

序号	名　称		检验项目	检验数量（频次）	取样（检验）方法	检验性质	备　注
5.44	幕墙工程（备注16）	幕墙细部构造	实体裙墙设置	全数检查 [当无窗间墙（窗槛墙）或窗间墙（窗槛墙）高度小于 0.8 m 的建筑幕墙，应在每层楼板外设置耐火极限不低于 1 h，高度不低于 0.8 m 的不燃烧体裙墙或防火玻璃裙墙]	现场检查	检 验	14.涂料送检注意事项： 1）选择洁净的密封广口容器，如棕色或透明的玻璃瓶（或塑料瓶等）； 2）如需加稀释剂或水稀释，应明确稀释比例； 3）填写清楚送检产品的级别； 4）对外墙无机涂料，应填写送检产品的类别（Ⅰ类：碱金属硅酸盐类；Ⅱ类：硅溶胶类）
			防撞措施	全数检查 （当与玻璃幕墙相邻的楼面外缘无实体墙时，应设置防撞措施）	现场检查		
5.45	地面（含防水）工程（备注1、19）	垫层	压实系数	每单位工程不应少于 3 点，1000 m² 以上的工程，每 100 m²，每压实层至少应有 1 点；3000m² 以上的工程，每 300 m²，每压实层应有 1 点	现场检测（每压实层 ≤300 mm）		
5.46		混凝土面层	混凝土、砂浆抗压强度	每一层（或检验批），且≤1000 m² 地面工程面积的同配比混凝土、水泥砂浆，抽检不少于 1 组	3 块×100×100×100(mm)/组	复 验	
5.47		水泥砂浆面层			3 块×70.7×70.7×70.7(mm)/组		
5.48		地面饰面板（砖）	陶瓷、石材类（面积＞200 m²）：放射性指标	同厂家、同品种、同规格的产品，抽检不少于 1 次	2 份×2kg/次（将样品碾碎）		
5.49			木材类（面积＞200 m²）：游离甲醛	同厂家、同品种、同规格的产品，抽检不少于 1 次	每次随机截取半条或半块		
5.50		地面防水涂料（备注6）	无机防水涂料：抗折强度、粘结强度、抗渗性等	同厂家、同品种、同批号，且≤10 t 的产品，抽检不少于 1 次	5 kg/次（水泥、粉料各半）		
			有机防水涂料：固体含量、拉伸强度、断裂伸长率、柔性、不透水性等	同厂家、同品种、同批号，且≤5 t 的产品，抽检不少于 1 次	3 kg/次（多组分按配比取样）		

序号	名 称		检验项目	检验数量（频次）		取样（检验）方法	检验性质	备 注
5.51	裱糊与软包工程	水性胶粘剂	VOC、游离甲醛	同厂家、同品种、同批号的产品，抽检不少于1次		1×原装桶/次	复验（备注1）	15. 腻子送检注意事项： 1）如需加稀释剂或水稀释，应明确稀释比例； 2）填写清楚送检产品的类别（Y型、N型等）
		溶剂型胶粘剂	VOC、苯、甲苯+二甲苯					
		壁布、帷幕等	游离甲醛	同厂家、同品种、同规格的产品，抽检不少于1次		1～2m²/次		
5.52	内部装修防火工程	水性阻燃剂（含防火涂料）	游离甲醛	同厂家、同品种、同批号的产品，抽检不少于1次		1×原装桶/次		16. 建筑幕墙：由金属构件与各种板材组成的悬挂在主体结构上、不承担主体结构荷载与作用的建筑物外围护结构，称为建筑幕墙，按建筑幕墙的面板可将其分为玻璃幕墙、金属幕墙、石材幕墙及组合幕墙等
		纺织织物	燃烧性能	同厂家、同品种、同规格的产品，抽检不少于1次		纺织织物：2m²/次；木质材料、复合材料：4m²/次；高分子合成材料：0.1m³/次		
		木质材料						
		高分子合成材料						
		复合材料						
5.53	室内环境污染物浓度（备注20）	墙面、地面、顶棚仅做水泥砂浆抹灰	氡	不少于房间总数的5%，且不少于3间（凡进行样板检测且检测合格的，抽检数量减半，但不少于3间），住宅工程可按套数计算；底层停车场不列入抽检范围	房间使用面积(S)m²	检测点数		
					S<50	1		
		墙面、顶棚已刮腻子或水泥砂浆抹灰使用了水性胶粘剂	氡、甲醛、TVOC		50≤S<100	2		
					100≤S<500	>3		
		已做好室内装修，具备居住或使用条件	氡、甲醛、苯、氨、TVOC		500≤S<1000	>5		
					1000≤S<3000	>6		
					S≥3000	每1000m²不少于3个点		

序号	名　称		检验项目	检验数量（频次）	取样（检验）方法	检验性质	备注
5.54	住宅厨房（卫生间）排气道工程	排气道制品（钢丝网水泥或玻璃纤维网水泥预制的排气管道制品）	垂直承载力、抗柔性冲击、耐火极限（按设计要求）	同厂家、同品种、同规格，且≤5000根的产品为一批，每批抽检不少于1组	5根/组	复检	17. 硅酮结构密封胶：幕墙（或窗）使用于板材与金属构架、板材与板材、板材与玻璃肋之间的结构用硅酮粘结材料，简称硅酮结构胶；硅酮建筑密封胶：幕墙（或饰面板安装）嵌缝用的硅酮密封材料，又称耐候胶
			1. 生产许可证和第三方排气道功能检测报告；2. 出厂检验报告；3. 型式检验报告（两年内）	全数检查	现场检查	检验	
5.55		排气道安装	1. 排气道防回流措施；2. 排气道防泄漏措施；3. 排气道防火措施	全数检查	现场检查		18. 幕墙横梁、立柱主要受力部位的最小壁厚：1）铝合金型材：横梁：≥2.0mm（跨度大于1.2m时，≥2.5mm）；立柱：开口部位≥3.0mm，闭口部位≥2.5mm；2）钢型材：横梁：≥2.5mm；立柱：≥3.0mm
5.56	细部工程（栏杆和扶手）	栏杆、扶手连接后锚固件（备注15）	抗拔承载力（按设计要求）	同规格、同型号，且基本相同部位的后锚固件为一个检验批，每批抽检锚固件总数的1%，且不少于3根	现场检测	复检	
5.57		栏杆玻璃	1. 厚度；2. 型式检验报告（两年内）	全数检查	现场检查（护栏玻璃应使用厚度不小于12 mm的钢化玻璃或钢化夹层玻璃）	检验	
5.58		硅酮建筑密封胶（备注17）	相容性、剥离粘结性	同厂家、同品种、同批号，且≤3 t的产品，抽检不少于1次	每次取样：胶：2 kg或2支；金属型材：4块×150mm；玻璃：2块×150×75(mm)	复检	

序号	名称	检验项目	检验数量（频次）	取样（检验）方法	检验性质	备注
5.59	细部工程（栏杆和扶手） 栏杆（包括阳台、外廊、室内回廊、内天井及上人屋面及室外楼梯等、临空处防护栏杆）	高度（指施工完成后的净高度，起算面从阳台等地面算起。如底部有宽度≥0.22 m，且高度≤0.45m 的可踏部位，应从可踏部位顶面算起）	全数检查	现场检查 [防护栏杆高度 h 应符合下列规定： 1）多层和低层建筑物：$h≥1.05$ m； 2）高层建筑：1.10 m$< h≤1.20$ m； 3）中小学建筑：$h≥1.10$ m； 4）托儿所、幼儿园建筑：$h≥1.20$ m； （注：栏杆（栏板）距楼面或屋面 0.1 m 高度范围内不应留空，栏杆的垂直杆件的净距不应大于 0.11m，且应采用不易攀爬的构造）]	检 验	19. 地面工程及地基与基础工程以垫层分界，垫层以下属地基与基础分部工程范围；垫层包括砂垫层、砂石垫层及碎石垫层等；水泥砂浆所使用的原材料检验同 5.1 条、5.2 条、5.3 条；混凝土所使用的原材料检验详见第二章"混凝土结构工程"的相关规定
5.60	楼梯扶手	高度（指施工完成后的净高度，自踏步前缘线量起）	全数检查	现场检查 [楼梯扶手高度 h 应符合下列规定： 1）住宅室内楼梯扶手：$h≥0.9$ m，当水平段栏杆长度大于 0.5 m 时，其扶手高度 $h≥1.05$ m； 2）中小学室外楼梯扶手：$h≥1.1$ m； 3）其他建筑室外楼梯扶手：$h≥1.05$m； 4）其他建筑室内楼梯扶手：$h≥0.9$m； （注：扶手栏杆的垂直杆件的净距不应大于 0.11m，梯井净宽大于 0.2m 时，必须采取防止少年儿童攀滑的措施，楼梯栏杆应采用不易攀爬的构造）]		
5.61	其他工程 外门窗、幕墙和外墙	淋水试验	抽检数量不应少于10%的房间或外墙	现场试验 （可采用下列方法之一进行检验： 1. 大雨后检查； 2. 在女儿墙处设置水管，淋水 6 h； 3. 用 0.2～0.3MPa 的压力水距离 0.3m，淋水 15 min）		
5.62	建筑地面	蓄水试验	全数检查	现场试验 （厕所、厨房、阳台等有防水要求地面蓄水时间不应少于 24 h）		

序号	名称	检验项目	检验数量（频次）	取样（检验）方法	检验性质	备注
5.63	疏散楼梯	最小净宽度	全数检查	现场检查 （最小净宽度： 医院病房楼梯：1.30 m； 居住建筑：1.10 m； 其他建筑：1.20 m）		20. 室内环境工程污染物浓度检验应符合下列规定： 1）室内环境工程污染物检验项目适用于民用、公用建筑室内工程； 2）民用、公用建筑工程室内环境中甲醛、苯、氨、总挥发性有机化合物（TVOC）浓度检测时，对采用自然通风的民用、公用工程，检测时应在对外门窗关闭1h后进行；对室内环境中氡浓度检测时，对采用自然通风的民用建筑工程，应在房间的对外门窗关闭24h以后进行； 3）当室内环境污染物浓度检测结果不符合要求时，应查找原因并采取措施进行处理，如果对不合格项目进行检测时，抽检数量应增加1倍，并应包含同类型房间及原不合格房间
5.64	疏散出口	踏步、门槛等	全数检查	现场检查 （疏散出口的门内门外1.40 m范围内不应设踏步，且门必须向外开，并不应设置门槛）	
5.65	楼梯平台上部及下部过道	高度（施工完成后的净高度）	全数检查	现场检查 （高度不应小于2.0 m）	
5.66	其他工程	楼梯段	高度[施工完成后的净高度，自踏步前缘（包括最低和最高一级踏步前缘线以外0.3 m范围内）量到上方突出物下缘间的垂直高度]	全数检查	现场检查 （高度不应小于2.2 m）	检验
5.67		无障碍通道	最小宽度	全数检查	现场检查 （最小宽度： 大型公共建筑走道：1.8 m； 中小型公共建筑走道：1.5 m； 检票口、结算口轮椅通道：0.9 m； 居住建筑走廊：1.2 m； 建筑基地人行通路：1.5 m）	
5.68		公共出入口（住宅）	防坠落措施	全数检查	现场检查 （住宅的公共出入口位于阳台、外廊及开敞楼梯平台的下部时，应采取防止物体坠落伤人的安全措施）	

第六章 屋面工程

序号	名　称		检验项目	检验数量（频次）	取样（检验）方法	检验性质	备　注
6.1	沥青和改性沥青防水卷材	石油沥青纸胎油毡、油纸	纵向拉力、耐热度、柔性、不透水性	同厂家、同品种、同规格，且≤1500卷的产品，抽检不少于1次	1块×1500mm/次（在外观检查合格的卷材中，任取一卷，先切除外层卷头2500mm，顺纵向截取1500mm）	复验（备注1）	1. 屋面工程原材料验收应符合下列规定： 1）未列入本章的防水、保温材料均应按相关检验标准的规定取样复检； 2）防水卷材应在外观质量检查合格后，取样进行相关项目的复验； 3）防水卷材外观质量检查抽检数量：大于1000卷抽5卷，每500～1000卷抽4卷，100～499卷抽3卷，100卷以下抽2卷； 4）防水卷材外观质量检查内容：①沥青防水卷材：孔洞、硌伤、露胎、涂盖不均、皱折、裂纹、裂口、缺边、每卷卷材的接头；②改性沥青防水卷材：孔洞、缺边、裂口、边缘不整齐、胎体露白、未浸透、撒布材料粒度、颜色、
6.2		石油沥青玻璃纤维胎油毡					
6.3		石油沥青玻璃布胎油毡					
6.4		弹性体改性沥青防水卷材（SBS）	拉力、最大拉力时延伸率、耐热度、低温柔度、不透水性	同厂家、同品种、同规格，且≤10000 m²的产品，抽检不少于1次			
6.5		塑性体改性沥青防水卷材（APP）					
6.6		沥青复合胎柔性防水卷材					
6.7		改性沥青聚乙烯胎防水卷材					
6.8		自粘橡胶沥青防水卷材					
6.9		自粘聚合物改性沥青聚酯胎防水卷材					
6.10	高分子防水卷材	聚氯乙烯防水卷材	断裂拉伸强度、扯断伸长率、低温弯折、不透水性	同厂家、同品种、同规格，且≤10000 m²的产品，抽检不少于1次			
6.11		氯化聚乙烯防水卷材					
6.12		氯化聚乙烯橡胶共混防水卷材		同厂家、同品种、同规格，且≤250卷的产品，抽检不少于1次			
6.13		高分子防水卷材		同厂家、同品种、同规格，且≤5000 m²的产品，抽检不少于1次			
6.14		三元丁橡胶防水卷材					

序号	名 称		检验项目	检验数量（频次）	取样（检验）方法	检验性质	备 注
6.15	防水涂料	聚氨酯防水涂料	固体含量、抗拉强度、断裂伸长率、低温柔性、不透水性	同厂家、同品种、同规格，且≤15 t的产品，抽检不少于1次	3 kg/次（多组分按配比取样）	复验（备注1）	每卷卷材的接头；③高分子防水卷材：折痕、杂质、胶块、凹痕、每卷卷材的接头； 5）细石混凝土、水泥砂浆采用的原材料按第二章"混凝土结构工程"、第五章"建筑装饰装修工程"的相关规定进行复验。 2. 卷材、涂膜防水层要求基层有较好的结构整体性和刚度，目前大多数建筑均以钢筋混凝土结构为主，故应采用水泥砂浆、细石混凝土找平层作为防水基层；结构混凝土屋面板的找平层宜采用原浆抹平压光或加浆抹平压光；采用水泥砂浆找平时，宜采用1:3加抗裂纤维水泥砂浆；保温层上找平层应采用不小于30mm厚的C20细石混凝土
6.16		聚合物水泥防水涂料	固体含量、抗拉强度、断裂伸长率、不透水性、抗渗性	同厂家、同品种、同规格，且≤10 t的产品，抽检不少于1次	5 kg/次（水泥、粉料各半）		
6.17		聚合物乳液防水涂料	固体含量、抗拉强度、断裂伸长率、低温柔性、不透水性	同厂家、同品种、同规格，且≤5 t的产品，抽检不少于1次	4 kg/次		
6.18		水泥基渗透结晶防水涂料	净浆安定性、凝结时间、抗压强度、抗折强度、抗渗压力	同厂家、同品种、同规格，且≤50 t的产品，抽检不少于1次	8 kg/次		
6.19	胎体增强材料		拉力、延伸率	同厂家、同品种、同规格，且≤3000 m²的产品，抽检不少于1次	1块×1500mm/次		
6.20	防水密封材料	改性石油沥青密封材料	耐热度、低温柔性、拉伸粘结性、施工度	同厂家、同品种、同规格，且≤2 t的产品，抽检不少于1次	2 kg或2支/次		
6.21		合成高分子密封材料	拉伸粘结性、柔性	同厂家、同品种、同规格，且≤1 t的产品，抽检不少于1次	2 kg或2支/次		
6.22	保温材料	挤塑聚苯保温板（XPS）	导热系数、密度、抗压强度或压缩强度、燃烧性能、吸水率、含水率	同厂家、同品种、同规格型号，抽检不少于1组	每次取样：10块×100×100×制品厚度(mm)；2块×300×300×制品厚度(mm)；5块×190×190×制品厚度(mm)；15块×150×10×10(mm)		
6.23		模塑聚苯保温板（EPS）					
6.24		喷涂聚氨酯硬泡体保温材料			每次取样：3块×500×500×50(mm)；5块×190×190×制品厚度(mm)；15块×150×10×10(mm)		

序号	名 称	检验项目	检验数量（频次）	取样（检验）方法	检验性质	备 注
6.25	饰面材料	屋面饰面砖	尺寸、表面质量、吸水率、破坏强度及断裂模数	同厂家、同品种、同规格的产品，抽检不少于1次	30块/次（且不小于1m²）	复验（备注1）	3. 屋面涂膜防水层施工应符合下列规定： 1）基层应干净、干燥； 2）涂膜应根据防水涂料的品种分层分遍涂布，不得一次涂成； 3）应待先涂的涂层干燥成膜后，方可涂后一遍涂料； 4）需铺设胎体增强材料时，屋面坡度小于15%时，可平行屋脊铺设，屋面坡度大于15%时，应垂直于屋脊铺设； 5）胎体长边搭接宽度不应小于50 mm，短边搭接宽度不应小于70 mm； 6）天沟、檐沟、檐口、泛水和立面涂膜防水层的收头，应用防水涂料多遍涂刷； 7）涂膜防水层完工并经验收合格后，应做好成品保护
			太阳辐射吸收系数（建筑节能工程）	同厂家、同品种，且≤5000 m²的产品，抽检不少于1次	5块/次		
6.26		屋面涂料	施工性、干燥时间、对比率、耐水性、耐碱性、耐洗刷性、耐粘污性	同厂家、同品种、同批号的产品，抽检不少于1次	3~4 kg/次		
			太阳辐射吸收系数（建筑节能工程）	同厂家、同品种，且≤5000 m²的产品，抽检不少于1次	2 L/次		
			反射隔热涂料：太阳反射率、半球发射率（建筑节能工程）		5 kg/次		
6.27	找平层（备注2）	找平层的排水坡度	排水坡度（找平层的排水坡度应符合设计要求：平屋面采用结构找坡不应小于3%，采用材料找坡宜为2%；天沟、檐沟纵向找坡不应小于1%，沟底水落差不得超过200 mm）	按防水面积每100 m²检查一处，每处10m²，且不少于3处（注：沟底的水落差不超过200 mm，即水落口离天沟分水线不得超过20 m的要求）	现场检查（材料找坡严禁使用吸水率高的材料，如珍珠岩、陶粒等）	检验	
6.28		基层与突出屋面结构找平层	圆弧半径 [找平层均应做成圆弧形，圆弧半径（R）要求如下： 1. 高聚物改性沥青防水卷材：$R = 50$ mm； 2. 合成高分子防水卷材：$R = 20$ mm； 3. 沥青防水卷材：$R = 100 \sim 150$ mm]	按防水面积每100 m²检查1处,每处10 m²,且不少于3处	现场检查（女儿墙、山墙、天窗壁、变形缝、烟囱等的交接处和基层的转角处找平层）		

序号	名　称	检验项目	检验数量（频次）	取样（检验）方法	检验性质	备　注
6.29	找平层（备注2）	找平层施工分格缝	分格缝设置 （分格缝应留设在板端缝处，其纵横缝的最大间距： 1. 水泥砂浆或细石混凝土找平层，不宜大于 6 m； 2. 保温层上的找平层分格缝：水泥砂浆不得大于 1.5 m，细石混凝土不得大于 3m）	按防水面积每 100 m² 检查 1 处，每处 10 m²，且不少于 3 处	现场检查 （找平层分格缝处，应嵌填密封材料）	检验	4. 屋面防水卷材层施工应符合下列规定： 1）铺设前，基层必须干净、干燥，干燥程度的简易检验方法，是将 1m² 卷材平坦地平铺在找平层上，静置 3~4h 后掀开检查，找平层覆盖部位与卷材上未见水印即可铺设； 2）卷材铺贴方向应符合下列规定：①屋面坡度小于 3% 时，卷材宜平行于屋脊铺贴；②屋面坡度大于 3% 时，卷材可平行或垂直于屋脊铺贴；③上下层卷材不得相互垂直铺贴； 3）铺贴卷材采用搭接法时，上下层及相邻两幅卷材的搭接缝应错开，搭接宽度不宜小于 100 mm；
6.30		水泥砂浆找平层	砂浆抗压强度	每检验批，且 ≤1000m² 找平层面积的同配合比水泥砂浆或细石混凝土，抽检不少于 1 组	3 块 × 70.7 × 70.7 × 70.7(mm)/组	复验	
6.31		细石混凝土找平层	混凝土抗压强度		3 块 × 100 × 100 × 100(mm)/组		
6.32	涂膜防水层（备注3）	防水涂料涂布	天沟、檐沟、檐口、水落口、泛水、变形缝和伸出屋面管道的细部构造	按涂膜防水面积每100m² 检查 1 处，每处 10m²，且不少于 3 处	现场检查 （防水涂膜细部构造应符合设计要求及本章第 6.39～6.44 条的相关规定）	检验	
			厚度 （防水涂膜平均厚度应符合设计要求，且最小厚度不应小于设计厚度的80%）		现场检查		

序号	名　称		检验项目	检验数量（频次）	取样（检验）方法	检验性质	备　注
6.33	卷材防水层（备注4）	防水卷材铺设	卷材的搭接缝和收头 [1. 搭接缝应粘（焊）结牢固，密封严实，不得有褶皱、翘边和鼓泡等缺陷； 2. 防水层的收头应与基层粘接并用压条固定，钉距应不大于300 mm，缝口封严，不得翘边]	按卷材防水面积每100 m²检查1处，每处10m²，且不少于3处	现场检查 [1. 铺贴卷材的方法：冷粘法（采用胶粘剂）、热熔法（采用火焰加热器）、自粘法（卷材自带粘胶）、热风焊接法（采用热电气焊枪）； 2. 铺贴卷材方式：满粘法（全部粘结）、空铺法（周边一定宽度内粘结）、点粘法、条粘法等]	检验	4）瓦屋面铺贴防水卷材应采取满贴工艺，卷材宜平行于屋脊从下而上铺设，搭接应顺流水方向；每幅卷材上用钉子钉于基层，钉距不宜大于500mm，上幅卷材应覆盖下幅卷材的钉子
			转角处、穿管处、变形缝、天沟、檐沟、檐口、水落口、泛水等细部构造		现场检查 （细部构造应符合设计要求及本章第6.39～6.44条的相关规定）		
6.34	接缝密封防水	密封材料嵌缝	背衬设置 （槽缝底部应垫放背衬材料，热灌密封材料时应采用耐高温的背衬材料）	按接缝密封材料每50m检查1处，每处5m，且不少于3处	现场检查		
			密封材料嵌填 （1. 密封材料嵌缝必须密实、连续、饱满，与基层粘结牢固，无间隙、气泡、开裂、脱落等缺陷； 2. 嵌缝深度宜为缝宽的0.5～0.7倍）		现场检查 （嵌填密封材料前应先涂刷与密封材料相容的基层处理剂，并应采取遮挡措施,避免污染周边部件,嵌填密封材料应及时保护）		

序号	名　称		检验项目	检验数量（频次）	取样（检验）方法	检验性质	备　注
6.35	保温层	保温材料铺设	隔离层铺设（1. 隔离层所采用的材料应与基层不粘结；2. 铺设应平整、连续、不皱褶、不破损）	按防水面积每100m²检查1处，每处10m²，且不少于3处	现场检查（1. 保温材料严禁使用吸水率高的材料，如膨胀珍珠岩、陶粒等；2. 隔离层所用材料的质量应符合设计要求，一般采用的材料有玻纤布、无纺布、塑料膜等）	检验	5. 为防止紫外线对涂膜、卷材防水层的直接照射，延长其使用年限，涂膜、卷材防水层均应做保护层；保护层一般采用水泥砂浆、细石混凝土或浅色涂料等
			保温层厚度（保温层厚度应符合设计要求）				
6.36	保护层（备注5）	保护层施工分格缝	分格缝设置[水泥砂浆（宜采用掺抗裂纤维的砂浆或聚合物水泥砂浆）的分格缝间距应不大于1m，采用柔性材料嵌缝；细石混凝土保护层的分格缝间距不大于4m，采用柔性材料嵌缝]	按涂膜或卷材防水面积每100m²检查1处，每处10m²，且不少于3处	现场检查		6. 屋面的天沟、檐沟、泛水、水落口、檐口、变形缝、伸出屋面的管道等部位，是屋面工程中最容易出现渗漏的薄弱环节，细部施工应符合设计要求，且应符合本章的相关规定
6.37		水泥砂浆保护层	砂浆抗压强度	每检验批，且≤1000m²屋面工程面积的同配合比水泥砂浆、混凝土，抽检不少于1组	3块×70.7×70.7×70.7(mm)/组	复验	
			混凝土抗压强度		3块×100×100×100(mm)/组		
6.38		细石混凝土保护层	钢筋配置（屋面保温层的保护层采用的细石混凝土，厚度不小于35mm，强度等级不低于C25，坡度超过25%时，应配置不小于φ6@200钢筋，并与先植入板中的竖向钢筋绑轧牢固）	按涂膜或卷材防水面积每100m²检查1处，每处10m²，且不少于3处	现场检查	检验	

序号	名　称	检验项目	检验数量（频次）	取样（检验）方法	检验性质	备　注
6.39	细部构造（备注6） 变形缝	防水构造 （1. 变形缝中应预填聚苯乙烯泡沫板，并采用合成高分子卷材做Ω形覆盖，覆盖泛水防水层应大于100mm； 2. 变形缝顶部可采用钢筋混凝土预制板或金属板覆盖并加以固定； 3. 变形缝的泛水高度不应小于250mm，泛水宜采用聚合物水泥砂浆作保护层）	全数检查	现场检查		
6.40	水落口	防水构造 （1. 水落口周边与基层之间应预留10～20mm宽，20mm深的槽，并嵌填密封材料； 2. 水落口直径500mm范围内坡度应不小于5%，并应增涂厚度不小于2.0mm的涂膜作为增强层）	全数检查	现场检查	检	
6.41	伸出屋面管道	防水构造 （1. 管道根部直径500mm范围内，找平层应抹出高度不小于30mm的圆台； 2. 管道周围与基层、找平层之间，应预留20×20(mm)的凹槽，并用密封材料嵌填严密； 3. 管道根部四周应附加2mm防水涂料增强层，宽度和高度均不小于300mm，并设保护层）	全数检查	现场检查	验	
6.42	檐沟	防水构造 （1. 檐沟沟底纵向坡度应不小于1%，沟底横向坡度应不小于5%； 2. 防水层下应设置厚度大于2mm涂膜增强层； 3. 卷材收头采用压条钉压密封，涂膜收头应用防水涂料多遍涂刷； 4. 保护层宜采用聚合物水泥砂浆）	全数检查	现场检查 （防水卷材在檐口与屋面交接处宜空铺，其宽度不应小于200mm）		

序号	名 称		检验项目	检验数量（频次）	取样（检验）方法	检验性质	备 注
6.43	细部构造（备注6）	女儿墙泛水	防水构造 （1. 砖墙上的卷材收头可压入墙凹槽内固定密封，凹槽距屋面找平层不应小于250 mm，凹槽上部的墙体应做防水处理； 2. 混凝土墙上的卷材收头应采用金属压条钉压，并用密封材料封严； 3. 应设置卷材或涂膜增强层，其高宽不少于250 mm）	全数检查	现场检查（铺贴泛水处的卷材应采用满粘法）	检验	7. 瓦屋面适用于坡度不小于20%的屋面，根据瓦屋面的固定方法分为挂瓦和卧瓦等； 挂瓦由顺水条和挂瓦条组成，顺水条目前有三种做法： 1）传统钉木条，这种做法直接钉穿防水层，虽然多采取密封措施，但年久易使密封材料失效； 2）在找平层上抹出砂浆条，内加聚合物胶和抗裂纤维，由于砂浆高出屋面，防水层后施工，挂瓦条钉子不会破坏防水层； 3）采用钢筋预埋件，按一定点位置埋设，埋设处高出屋面做好密封，省工省料； 挂瓦条有金属和木条两种，瓦片与挂瓦条绑轧固定，形成挂瓦屋面；卧瓦则直接采用砂浆固定瓦片
6.44		阴阳角处基层	防水构造 （1. 阴阳角处基层应做成圆弧； 2. 应设置涂料增强层，涂料厚度不应小于2 mm，每边宽100 mm，阳角宜加胎体增强材料）	全数检查	现场检查		
6.45	瓦屋面（备注7）	顺水条	顺水条设置 （砂浆顺水条或金属固定件位置应准确，砂浆顺水条可在找平层施工时一起完成，或在找平层完成后再抹掺抗裂纤维聚合物的水泥砂浆，每隔1.5 m留出20 mm缝隙）	按瓦屋面面积每100 m² 检查1处，且不少于3处	现场检查		
6.46		挂瓦条	挂瓦条设置 （1. 金属和木条挂瓦条应做防腐处理； 2. 挂瓦条金属固定件应埋置在结构板中，埋件周边应用密封材料密封； 3. 瓦片应与挂瓦条绑轧固定； 4. 砂浆顺水条可在找平层施工时一起完成，或在找平层完成后再抹掺抗裂纤维的聚合物水泥砂浆，每隔1.5 m留出20 mm缝隙）	按瓦屋面面积每100 m² 检查1处，且不少于3处	现场检查		

序号	名 称		检验项目	检验数量（频次）	取样（检验）方法	检验性质	备 注
6.47	瓦屋面（备注7）	檐口	檐口构造（瓦屋面坡度大于25%时，檐口应有阻挡和对瓦进行固定的措施）	按瓦屋面面积每100m²检查1处，且不少于3处	现场检查（一般在檐口结构处，做出上翻高出屋面的挡头，阻止屋面上部防水层、保温层下滑；另一措施是在结构板上植筋，利用植筋与保温层上的细石混凝土找平层连接，或将檐口与第一片瓦用钉子固定，避免大风掀走瓦片）	检	8. 防水面积超过10000m²的屋面防水工程，建设单位应组织专家对防水工程设计进行评审
6.48		预埋锚固筋	预埋锚固筋设置（根据预埋锚固筋设计设置，锚固筋预先植入结构板中，植筋长度应高出保护层20mm以上）	按瓦屋面面积每100m²检查1处，且不少于3处	现场检查（当预埋锚固筋采用后置方法时，应按设计要求进行后置锚固钢筋抗拔承载力非破坏性试验）	验	
6.49		屋面（备注8）	淋水或蓄水试验（防水层施工完成后及屋面竣工后分别进行）	全数检查	现场试验（检验方法：雨后或持续淋水2h后；或有可能做蓄水检验的屋面，蓄水时间不应小于24h）		

第七章 建筑节能工程

序号	名 称	检验项目	检验数量（频次）	取样（检验）方法	检验性质	备 注
7.1	挤塑聚苯保温板（XPS）	导热系数、密度、压缩强度、燃烧性能	1. 检验项目（燃烧性能除外）：同厂家、同品种的产品，当单位工程建筑面积（S）：$S \leqslant 2000 \text{ m}^2$时，各抽检不少于1次；$2000\text{m}^2 < S \leqslant 20000\text{m}^2$时，各抽检不少于3次；$S > 20000 \text{ m}^2$时，各抽检不少于6次；2. 燃烧性能：同厂家、同品种的产品，抽检不少于1次	每次取样：10 块×100×100×制品厚度(mm)；2 块×300×300×制品厚度(mm)；5 块×190×190×制品厚度(mm)；15 块×150×10×10 (mm)	复验	1. 未列入本章的保温、隔热材料，均应按相应的产品检验标准的规定，取样复检 2. 保温砂浆根据采取隔热主体材料的有机性和无机性分为有机保温砂浆（如聚苯颗粒保温砂浆等）和无机保温砂浆（如玻化微珠保温砂浆等）；对保温砂浆的质量有异议时，应取原材料进行复验 3. 遮阳材料：为遮阳装置上起主要遮阳作用的面料或板材，如铝合金百叶、各类织物面料、合成薄膜、化学板材等；透明、半透明的遮阳材料检验，其热工物理性能包括：1）太阳反射比：物体反射到半球空间的太阳辐射通量与入射在物
7.2	模塑聚苯保温板（EPS）					
	喷涂聚氨酯硬泡体保温材料			每次取样：3 块×500×500×50(mm)；5 块×190×190×制品厚度(mm)；15 块×150×10×10(mm)		
7.3	保温砂浆（备注2）	导热系数、密度、抗压或压缩强度		有机保温砂浆每次取样：6 块×100×100×100(mm)；2 块×300×300×30(mm)；6 块×100×100×制品厚度(mm)		
				无机保温砂浆每次取样：6 块×70.7×70.7×70.7(mm)；2 块×300×300×30(mm)		
7.4	加气混凝土砌块（匀质材料）	导热系数、密度、抗压强度		每次取样：导热系数：2 块×300×300×30(mm)；密度、抗压强度：18块		
7.5	聚苯乙烯板胶粘剂	拉伸粘结强度		15 kg/次		
	聚苯乙烯板抹面胶浆					

注：表格左侧"墙体节能工程（备注1、6）"为序号7.1~7.5的名称栏内容。

序号	名　称		检验项目	检验数量（频次）	取样（检验）方法	检验性质	备　注
7.6	墙体节能工程（备注1、6）	耐碱网布	单位面积质量、耐碱断裂张力及其保留率、断裂应变		去除布卷端头至少1m，在不同的布卷上分别截取长约1m的整幅网布3块	复验	体表面上的太阳辐射通量的比值； 2）半球发射率：一个发射源在半球方向上的辐射出射度与具有同一温度的黑体辐射源的辐射出射度的比值
7.7		热镀锌电焊网	焊点抗拉力、镀锌层质量	（同上）	去除布卷端头至少1m，在不同的布卷上分别截取长约1m的电焊网布3块		
7.8		遮阳材料（备注3）	太阳光透射比、太阳光反射比		按相应检验标准规定取样		
7.9		外墙涂料	太阳辐射吸收系数	同厂家、同品种，且≤5000m²的产品，抽检不少于1次	2L/次		
7.10		外墙饰面板（砖）			5块/次		
7.11		外墙反射隔热涂料	太阳反射率、半球发射率		5kg/次		
7.12		非匀质材料砌块（砖）、复合砌筑墙（备注4）	传热系数（构造热阻）	同厂家、同品种、同规格的产品，当单位工程建筑面积（S）：$S<2000m^2$时，各抽检不少于1次；$S\geq2000m^2$时，各抽检不少于2次	4m²（材料）/次（实验室砌筑与现场实体构造相同外墙一面）		
7.13		保温板材与基层的粘结	粘结强度	每个检验批抽检不少于3处	现场检测		
7.14		保温层安装后置锚固件	抗拔承载力	每个检验批抽检不少于3处	现场检测		
7.15		外墙节能构造	钻芯法	单位工程每种节能保温做法至少取3个芯样	现场检测（取样部位宜均匀分布，不宜在同一房间外墙上取2个以上芯样）	检验	

序号	名　称		检验项目	检验数量（频次）	取样（检验）方法	检验性质	备　注
7.16	墙体节能工程（备注1、6）	保温砂浆同条件养护试块	导热系数、密度、抗压强度或压缩强度	每个检验批抽检不少于3组	有机保温砂浆每组取样：6块×100×100×100(mm)；2块×300×300×30(mm)；6块×100×100×制品厚度(mm) 无机保温砂浆每组取样：6块×70.7×70.7×70.7(mm)；2块×300×300×30(mm)	复 验	4. 非匀质材料砌块（砖）：由不均质的材料构成的具有保温隔热效果的砌块或砖块，例如各类混凝土空心砌块、多孔砖、空心砖等；复合砌筑墙：由两种以上保温隔热能力不同的块材咬合砌筑成型的墙体，例如加气混凝土砌块与普通混凝土砌块咬合砌筑等
7.17	幕墙节能工程（备注1、6）	挤塑聚苯保温板（XPS） 模塑聚苯保温板（EPS）	导热系数、密度、燃烧性能	同厂家、同品种的产品，抽检不少于1组	每组取样：10块×100×100×制品厚度(mm)；2块×300×300×制品厚度(mm)；5块×190×90×制品厚度(mm)；15块×150×10×10(mm)		
7.18		绝热用岩棉、矿渣棉及其制品 绝热用玻璃棉及其制品 绝热用硅酸铝棉及其制品	导热系数、密度	同厂家、同品种的产品，抽检不少于1组	每组取样：3件整幅岩棉板、矿渣棉板、毡或管壳 每组取样：3件整幅玻璃棉板、毡或管壳 每组取样：3件整幅硅酸铝棉板、毡或毯		
7.19		幕墙玻璃（备注5）	可见光透射比、传热系数、遮阳系数和中空玻璃露点	同厂家、同品种的产品，抽检不少于1次	每次取样：3块×100×100(mm)；或者：2块×整幅玻璃；中空玻璃加送：3块×360×510(mm)		
7.20		隔热型材	抗拉强度、抗剪强度	同厂家、同品种的产品，抽检不少于1组	4根×100 mm/组（从4根型材里截取）		

序号	名 称		检验项目	检验数量（频次）	取样（检验）方法	检验性质	备 注
7.21	幕墙节能工程（备注1、5）	遮阳材料（备注3）	太阳光透射比、太阳光反射比	同厂家、同品种的产品，抽检不少于1次	按相应检验标准规定取样		
7.22		幕墙性能	气密性能	当幕墙面积大于建筑外墙面积50%或3000 m²时，制作1件试件；当由多种幕墙组成的组合幕墙，对面积大于1000 m²的每一种幕墙，制作1件试件	1. 现场抽取材料和配件，在试验室安装制作试件，试件包括典型单元、典型拼缝、典型可开启部分；2. 试件规格：3.0×4.5(m)以内、6.0×5.0(m)以内、6.8×8.0(m)以内，按产品试验图纸安装	复验	
7.23	门窗节能工程（备注6）	遮阳材料（备注3）	太阳光透射比、太阳光反射比	同厂家、同品种的产品，抽检不少于1次	按相应检验标准规定取样		
7.24		外门窗玻璃（备注5）	可见光透射比、遮阳系数、中空玻璃露点、紫外线透射比(贴膜玻璃)、传热系数(天窗玻璃)	同厂家、同品种的产品，抽检不少于1次	每次取样：3块×100×100(mm)；或者：2块×整幅玻璃；中空玻璃加送：3块×360×510(mm)		
7.25		外门窗性能	气密性能	同厂家、同品种、同类型的产品，抽检不少于1组	3樘/组[1. 样窗需加装附加框，附加框一般用大于25mm的铝合金型材；2. 样窗最大为2300×2900(mm)，最小为700×800(mm)；3. 送检时应提交门窗制造详图]		
7.26		外窗（含阳台门）	可开启面积	单位工程抽检不少于3处	现场检查（不应小于外窗所在房间地面面积的10%）	检验	

序号	名　称		检验项目	检验数量（频次）	取样（检验）方法	检验性质	备　注
7.27	屋面节能工程（备注1、6）	挤塑聚苯保温板（XPS）	导热系数、密度、压缩强度、燃烧性能	同厂家、同品种的产品，抽检不少于1次	每组取样：10块×100×100×制品厚度(mm)；2块×300×300×制品厚度(mm)；5块×190×190×制品厚度(mm)；15块×150×10×10(mm)	复验	5. 幕墙、外门窗玻璃，其热工物理性能包括：1)可见光透射比（T_r）：采用人眼视见函数进行加权，标准光源（380~780nm）透过玻璃、门窗或幕墙成为室内的可见光通量与投射到玻璃、门窗或幕墙上的可见光通量的比值；2)玻璃遮阳系数（Se）：透过窗玻璃的太阳辐射得热与透过 3mm 透明窗玻璃的太阳辐射得热比值[应注意与窗遮阳系数（SC）的区别]；3）窗遮阳系数（SC）：在给定条件下，太阳辐射透过外窗所形成的室内得热量与相同条件下相同面积的标准窗玻璃（3mm 厚透明玻璃）所形成的太阳辐射得热量之比，可以近似取窗玻璃的遮阳系数 Se 乘以窗玻璃面积 $A_玻$ 除以整窗面积 $A_窗$；
		模塑聚苯保温板（EPS）					
7.28		喷涂聚氨酯硬泡体保温材料			每组取样：3块×500×500×50(mm)；5块×190×190×制品厚度(mm)；15块×150×10×10(mm)		
7.29		水泥聚苯板	导热系数、密度、抗压强度		3块×300×300(mm)/组		
		泡沫玻璃板					
7.30		采光屋面玻璃	可见光透射比、传热系数、遮阳系数和中空玻璃露点	同厂家、同品种的产品，抽检不少于1次	每次取样：3块×100×100(mm)；或者：2块×整幅玻璃；中空玻璃加送：3块×360×510(mm)		
7.31		遮阳材料（备注3）	太阳光透射比、太阳光反射比	同厂家、同品种的产品，抽检不少于1次	按相应检验标准规定取样		
7.32		屋面涂料	太阳辐射吸收系数	同厂家、同品种，且≤5000m²的产品，抽检不少于1次	2L/次		
7.33		屋面饰面砖			5块/次		
7.34		屋面反射隔热涂料	太阳反射比、半球发射率		5 kg/次		

序号	名　称		检验项目	检验数量（频次）	取样（检验）方法	检验性质	备　注
7.35	通风与空调节能工程（备注6）	柔性泡沫橡塑绝热制品	导热系数、密度、吸水率	同厂家、同品种的产品，抽检不少于 2 次（管材可用板材替代）	每次取样： 8 块 × 100 × 100 × 制品厚度(mm)； 2 块 × 300 × 300 × 制品厚度(mm)	复验	4）对外门窗或幕墙玻璃的质量有异议时，应选择整幅玻璃进行复验
7.36		有机保温材料	燃烧性能	同厂家、同品种的产品，抽检不少于 1 次	15 块 × 250 × 90 × 制品厚度(mm)/次		
7.37		风机盘管机组	供冷量、供热量、风量、出口静压、噪声、功率	单位工程同厂家的风机盘管机组按总数量的2%，且不少于 2 台	随机抽检，整机送样		
7.38		空调机组、新风机组、风机	风量、出口静压、功率	同厂家、同规格的设备按总数量的 2%，且不少于 2 台	现场检测		
7.39		风管和风管系统	严密性和漏风量	单位工程按系统总数量抽检 20%，且不少于 1 个系统	现场检测		
7.40			系统总风量、风口风量	单位工程按系统总数量抽检 10%，且不少于 1 个系统	现场检测		
7.41		空调机组	水流量				
7.42		空调系统冷热水、冷却水	总流量	全数检验	现场检测		
7.43		室内环境	温度	居住建筑每户抽检卧室或起居室 1 间，其他建筑按房间总数抽检 10%	现场检测		

序号	名　　称		检验项目	检验数量（频次）	取样（检验）方法	检验性质	备　注
7.44	配电与照明节能工程	低压配电电缆、电线	相应截面的电阻值	单位工程同厂家各种规格产品总数的10%，且不少于2种规格	单芯电线抽取包装完好，卷绕整齐并含有完整的产品标签的样品1捆，且长度≥60 m，多芯电缆取大于1段×2 m	复验（备注6）	6. 建筑节能工程验收还应符合下列规定： 1）设计变更不得降低建筑节能效果，当设计变更涉及建筑节能效果时，应经原施工图设计审查机构审查，在实施前应办理设计变更手续，并获得监理或建设单位的确认； 2）建筑节能工程应按照经审查合格的设计文件和经审查批准的施工方案施工
7.45		低压配电电源质量	供电电压偏差、公共电网谐波电压、谐波电流、三相电压不平衡度	全数检验	现场检测		
7.46		室内照明	平均照度、功率密度值	每种功能区不少于2处	现场检测		
7.47	太阳能热水系统节能工程	保温绝热材料	导热系数、密度、吸水率	同厂家、同品种的产品，抽检不少于1组	每组取样： 8块×100×100(mm)； 2块×300×300(mm)		

第八章　建筑电气工程

序号	名　称	检验项目	检验数量（频次）	取样（检验）方法	检验性质	备　注
8.1	主要材料、成品（备注1）	灯具的绝缘电阻值、铜芯绝缘电线芯线面积、橡胶或聚氯乙烯（PVC）的绝缘层厚度、防水灯具的密闭和绝缘性能	同厂家、同品种、同型号的产品，抽检不少于1次	按相应检验标准规定取样	复验	1. 主要设备、材料、成品和半成品进场验收应符合下列规定：1）主要设备、材料、成品和半成品进场检验包括质量证明文件、外观质量，确认符合现行《建筑电气工程施工质量验收规范》GB 50303（以下简称《规范》）的相关规定，才能在施工中应用；对质量有异议时，应送有资质的试验室进行抽样检验，并应出具检测报告，确认符合《规范》和相关技术标准规定，才能在施工中应用；2）变压器、箱式变电所、高压电器及电瓷制品验收，应符合《规范》第3.2.6节的规定；3）高低压成套配电柜、蓄电池柜、不间断电源柜、控制柜（屏、台）及动力、照明配电箱（盘）验收，应符合《规范》第3.2.7节的规定；
8.2	成套灯具	开关、插座	电气和机械性能、阻燃性能	同厂家、同品种、同型号的产品，抽检不少于1组	6个/组	
8.3		断路器	电气和机械性能	同厂家、同品种、同型号的产品，抽检不少于1组	6个/组（其中3个为工程复验时采用，如不需复验，退样3个）	
8.4		电线、电缆	电线、电缆绝缘性能、导电性能、阻燃性能和相应截面电阻值（建筑节能工程）	同厂家、同品种各种规格总数的10%，且不少于2种规格	单芯电线抽取包装完好、卷绕整齐并含有完整的产品标签的样品一捆（至少≥60m），多芯电缆抽取>3m×1段	
8.5		PVC导管	物理性能、阻燃性能	同厂家、同品种、同规格的产品，抽检不少于1次	6根×1m/次（6根导管中截取）	
8.6		镀锌钢导管	物理力学性能	同厂家、同品种、同规格的产品，抽检不少于1次	按相应检验标准规定取样	
8.7		镀锌制品（包括支架、横担、接地极、避雷用型钢等）	物理力学性能	同厂家、同品种、同规格的产品，抽检不少于1次	按相应检验标准规定取样	
8.8		塑料管、玻璃钢管（地下通信管道用）	物理力学性能	同厂家、同品种、同规格的产品，抽检不少于1次	按相应检验标准规定取样	

序号	名　称	检验项目	检验数量（频次）	取样（检验）方法	检验性质	备　注
8.9	普通灯具安装、专业灯具安装（含游泳池和其他场所灯具、应急照明灯具、建筑物景观照明灯、航空障碍标志灯和庭院灯安装）	普通大型花灯的固定及悬吊装置载荷试验	全数检查	现场试验（试验载荷应不小于灯具重量的2倍）	复验	4）柴油发电机组验收，应符合《规范》第3.2.8节的规定； 5）电动机、电加热器、电动执行机构和低压开关设备等的验收，应符合《规范》第3.2.9节的规定； 6）照明灯具及附件验收，应符合《规范》第3.2.10节的规定； 7）开关、插座、接线盒验收，应符合《规范》第3.2.11节的规定； 8）电线、电缆验收，应符合《规范》第3.2.12节的规定； 9）导管验收，应符合《规范》第3.2.13节的规定； 10）镀锌制品和外线盒具验收，应符合《规范》第3.2.15节的规定； 11）电缆桥架、线槽验收，应符合《规范》第3.2.16节的规定； 12）钢筋混凝土、电杆和其他混凝土制品验收，应符合《规范》第3.2.21节的规定
8.10		普通灯具的固定方式、安装高度和使用电压等级（备注2）	全数检查	现场检查	检验	
8.11		应急照明灯的电源、电源转换时间等（备注3）	全数检查	现场检查		
8.12		水下灯及防水灯具等电位联结、专用漏电保护装置模拟动作试验	全数检查	现场检查 [游泳池和类似场所灯具（水下灯具及防水灯具）的等电位联结应可靠，且有明确标识，其电源的专用漏电保护装置应全部检验合格；必须采用绝缘导管]		
8.13		景观照明灯具的对地绝缘电阻值、安装高度、可接近裸露导体的接地（PE）或接零（PEN）（备注4）	全数检查	现场检查		
8.14		庭院灯灯具的对地绝缘电阻值、可接近裸露导体的接地（PE）或接零（PEN）（备注5）	全数检查	现场检查		
8.15		航空障碍标志灯具（备注6）	全数检查	现场检查		
8.16	开关、插座、风扇安装	同一场所交流、直流或不同电压等级的插座的安装	全数检查	现场检查（当交流、直流或不同电压等级的插座安装在同一场所时，应有明显的区别，且必须选择不同结构、不同规格和不能互换的插座；配套的插头应按交流、直流或不同电压等级区别使用）		

序号	名 称	检验项目	检验数量（频次）	取样（检验）方法	检验性质	备 注
8.17		插座接线（备注7）	全数检查	现场检查 [1. 同一场所的三相插座、接线的相序一致； 2. 接地（PE）或接零（PEN）线在插座间不串联连接等]		2. 普通灯具安装应符合下列规定： 1）普通灯具固定应符合下列规定： ①灯具重量大于3kg时，固定在螺栓或预埋吊钩上；②灯具固定牢固，不使用木楔，每个灯具固定用螺钉或螺栓不少于2个； 2）当设计无要求时，普通灯具的安装高度和使用电压等级应符合下列规定： ①一般敞开式灯具：室外>2.5m（墙上安装），厂房>2.5m，室内>2m；②危险性较大及特殊危险场所，当灯具距地面高度小于2.4m时，使用额定电压为36V及以下的照明灯具；③当灯具距离地面高度小于2.4m时，灯具的可接近裸露导体必须接地（PE）或接零（PEN）可靠，并应有专用接地螺栓，且有标识
8.18		潮湿场所插座安装	全数检查	现场检查 （潮湿场所应采用密封型并带保护地线触头的保护型插座，安装高度不低于1.5m）		
8.19	开关、插座、风扇安装	插座安装高度	全数检查	现场检查 （当不采用安全插座时，幼儿园及小学等儿童活动场所安装高度不小于1.8m）	检 验	
8.20		照明开关安装	全数检查	现场检查 （开关边缘距门框边缘的距离0.15~0.2m,开关距地面高度1.3m)		
8.21		吊扇安装	全数检查	现场检查 （1. 吊扇挂钩的直径不小于吊扇挂销直径，且不小于8mm，有防振橡胶垫； 2. 挂销的防松零件齐全，吊扇扇叶距地面高度不小于2.5m）		
8.22		壁扇安装	全数检查	现场检查 （1. 壁扇底座采用尼龙塞或膨胀螺栓固定,尼龙塞或膨胀螺栓的数量不少于2个，且直径不小于8mm； 2. 壁扇下侧边缘距地面高度不小于1.8m）		

序号	名　称	检验项目	检验数量（频次）	取样（检验）方法	检验性质	备　注
8.23	建筑物照明通电	公共建筑照明通电、民用建筑照明通电试运行	全数检查	现场试验（公共建筑照明通电连续试运行为24h，民用住宅照明系统通电连续运行为8h）	检验	3. 应急照明灯具安装应符合下列规定：1)应急照明灯的电源除正常电源外，另有一路电源供电，或者是独立于正常电源的柴油发电机组供电；或由蓄电池柜供电；或选用自带电源型应急灯具；
8.24	低压配电电源质量(建筑节能工程)	供电电压偏差、公共电网谐波电压、谐波电流三相电压不平衡度	全数检查	现场检测（按GB/T 15543、GB/T 14549执行）	复验	2)应急照明在正常电源断电后，电源转换时间为：疏散照明≤15s，备用照明≤15s，安全照明≤0.5s
8.25	照明系统(建筑节能工程)	平均照度、功率密度值	每种功能，且不少于2处	现场检测（按GB/T 5700执行）		
8.26	柴油发电机组安装	发电机交接试验（包括静态试验、运转试验）	全数检查	现场试验	检验	4. 建筑物景观照明灯具安装应符合下列规定：1)每套灯具的导电部分对地绝缘电阻值大于2MΩ；2)在人行道等人员来往密集场所安装的落地式灯具，无围栏防护，安装高度距地面2.5m以上；3)金属构架和灯具的可接近裸露导体及金属软管的接地（PE）或接零（PEN）可靠，且有标识
8.27		发电机组至低压配电柜馈电线路的相间、相对地间的绝缘电阻值	全数检查	现场检测（绝缘电阻值应大于0.5MΩ）		
8.28		塑料绝缘电缆电线线路直流耐压试验	全数检查	现场试验（耐压试验为2.4kV，时间15min，泄漏电流稳定，无击穿现象）		
8.29		柴油发电机馈电线路连接	全数检查	现场检查[1.发电机馈电线路连接后，两端的相序必须与原供电导流的相序一致；2.发电机中性线（工作零线）应与接地干线直接连接]		
8.30		发电机本体和机械部分的可接近裸露导体的接地（PE）或接零（PEN）	全数检查	现场检查[接地（PE）或接零（PEN）连接可靠，且有标识]		

序号	名　称	检验项目	检验数量（频次）	取样（检验）方法	检验性质	备　注
8.31	低压电动机、电加热器及电动执行机构接线	可接近裸露导体的接地（PE）或接零（PEN）	全数检查	现场检查	检验	5. 庭院灯具安装应符合下列规定：1）每套灯具的导电部分对地绝缘电阻值大于2MΩ；2）金属立柱及灯具可接近裸露导体的接地（PE）或接零（PEN）可靠 6. 航空障碍标志灯安装详见《规范》第21.1.4节的相关规定 7. 插座接线应符合下列规定：1）单相两孔插座，面对插座的右孔或上孔与相线连接，左孔或下孔与零线连接；单相三孔插座，面对插座的右孔与相线连接，左孔与零线连接；2）单相三孔、三相四孔及三相五孔插座的接地（PE）或接零（PEN）线接在上孔，插座的接地端子不与零线端子连接，同一场所的三相插座，接线的相序应一致；3）接地（PE）或接零（PEN）线在插座间不串联连接
8.32		绝缘电阻值	全数检查	现场检测（绝缘电阻值应大于0.5MΩ）		
8.33		电动机各相直流电阻值	全数检查	现场检测（100kW以上的电动机，应测量各相直流电阻值，相互差不应大于最小值的2%；无中性点引出的电动机，测量线间直流电阻值，相互差不应大于最小值的1%）		
8.34	低压电气动力设备试验和试运行	低压电器交接试验（包括绝缘电阻、低压电器动作情况、脱扣器的整定值、电阻器和变阻器的直流电阻差值）	全数检查	现场试验（现场单独安装的低压电器交接试验应符合《规范》附录B的规定）		
8.35		空载试运行及与其他建筑设备一起的负荷运行	全数检查	现场试验（应符合《规范》第10章的相关规定）	验	
8.36	电缆桥架安装（备注8）	金属电缆桥架及其支架和引入或引出的金属电缆导管的接地（PE）或接零（PEN）	全数检查	现场检查		
8.37	电线、电缆金属导管和线槽敷设	金属导管连接	全数检查	现场检查（金属导管严禁对口熔焊连接；镀锌和壁厚小于等于2mm的钢导管不得套管熔焊连接）		
8.38		金属导管和线槽的接地（PE）或接零（PEN）（备注9）	全数检查	现场检查（镀锌钢导管和金属线槽不得熔焊跨接接地线，应以专用接地卡跨接等）		

序号	名　称	检验项目	检验数量（频次）	取样（检验）方法	检验性质	备　注
8.39	电线、电缆金属导管和线槽敷设	电线、电缆穿管和线槽敷线（备注10）	全数检查	现场检查（三相或单相的交流单芯电缆，不得单独穿于钢管内等）	检验	8. 金属电缆桥架及其支架和引入或引出的金属电缆导管必须接地（PE）或接零（PEN）可靠，且必须符合下列规定： 1）金属电缆桥架及其支架全长应不少于2处与接地（PE）或接零（PEN）干线相连接； 2）非镀锌电缆桥架间连接板的两端跨接铜芯接地线，接地线最小允许截面积不小于4mm²； 3）镀锌电缆桥架间连接板的两端不跨接接地线，但连接板两端不少于2个有防松螺帽或防松垫圈的连接固定螺栓 9. 金属的导管和线槽必须接地（PE）和接零（PEN）可靠，并符合下列规定： 1）镀锌的钢导管和金属线槽不得熔焊跨接接地线，应以专用接地卡跨接的两卡间连线为铜芯软导线，截面积不小于4mm²； 2）当非镀锌钢导管采用螺纹连接时，连接处的两端焊跨接接地线； 3）金属线槽不作设备的接地导体，当设计无要求时，金属线槽全长不少于2处与接地（PE）或接零（PEN）干线连接； 4）非镀锌金属线槽间连接板的两端跨接铜芯接地线；镀锌线槽间连接板的两端不跨接接地线，但连接板两端不少于2个有防松螺帽或防松垫圈的连接固定螺栓
8.40	接地装置安装	接地装置设置（包括人工接地装置或利用建筑物基础钢筋的接地装置）	全数检查	现场检查（接地装置必须在地面以上按设计要求的位置设置测试点）		
8.41		接地电阻值	全数检查	现场检测（测试接地装置的接地电阻必须符合设计要求）		
8.42		防雷接地装置埋设深度	全数检查	现场检查（防雷接地的人工接地装置的接地干线埋设，经人行道处埋地深度不应小于1m，且应采取均压措施或在其上方铺设卵石或沥青地面）		
8.43		接地装置埋设深度、间距	全数检查	现场检查（1. 当设计无要求时，接地装置顶面埋设深度应不小于0.6m，圆钢、角钢及钢管接地极应垂直埋入地下，间距应不小于5m；2. 接地模块顶面埋深不应小于0.6m，间距不应小于模块长度的3~5倍）		

序号	名　称	检验项目	检验数量（频次）	取样（检验）方法	检验性质	备　注
8.44	接地装置安装	接地装置材料及接焊	全数检查	现场检查 [1. 当设计无要求时，应采用热浸镀锌钢材，最小允许规格、尺寸详见《规范》表 24.2.2 的相关规定； 2. 接地装置搭接焊的搭接长度： 1）扁钢与扁钢搭接为扁钢宽度的 2 倍，不少于三面施焊； 2）圆钢与圆钢（扁钢）搭接为圆钢直径的 6 倍，双面施焊]	检 验	10. 电线、电缆穿管和线槽敷线应符合下列规定： 1）三相或单相的交流单芯电缆，不得单独穿于钢导管内； 2）不同回路、不同电压等级和交流与直流的电线，不应穿于同一导管内；同一交流回路的电线应穿于同一金属导管内，且管内电线不得有接头； 3）当采用多相供电时，同一建筑物、构筑物的电线绝缘层颜色选择应一致，即保护地线（PE）应是黄绿相间色，零线用淡蓝色；相线用：A 相—黄色、B 相—绿色、C 相—红色； 4）电线在线槽内有一定余量，不得有接头，同一回路的相线和零线，敷设于同一金属线槽内
8.45	避雷引下线和变电室接地干线敷设	变压器室、高低压开关室内的接地干线	全数检查	现场检查 （接地干线应有不少于 2 处与接地装置引出干线连接）		
8.46		避雷引下线	全数检查	现场检查 （1. 暗敷在建筑物抹灰层内的引下线应有卡钉分段固定； 2. 明敷的引下线应平直、无急弯，与支架焊接处，油漆防腐，且无遗漏）		
8.47		金属构件、金属管道做接地线	全数检查	现场检查 （当利用金属构件、金属管道做接地线时，应在构件或管道与接地干线间焊接金属跨接线）		
8.48	接闪器安装（备注 11）	避雷针、避雷带	全数检查	现场检查 （1. 避雷针、避雷带等必须与顶部外露的其他金属物体连成一个整体的电气通路，且与避雷引下线连接可靠； 2. 避雷针、避雷带应位置正确，焊接固定的焊缝饱满无遗漏，防腐油漆完整）		

序号	名　称	检验项目	检验数量（频次）	取样（检验）方法	检验性质	备　注
8.49	建筑物等电位联结	等电位联结干线	全数检查	现场检查（建筑物等电位联结干线应从与接地装置有不少于两处直接连接的接地干线或总电位箱引出，等电位联结干线或局部等电位箱间的连接线形成环形网路，环形网路应就近与等电位联结干线或局部等电位相连接，支线间不应串联连接）（注：建筑物是否需要等电位联结、哪些部位或设施需要等电位联结、等电位联结干线或等电位箱的布置均应由施工设计来确定）	检验	11. 防雷装置竣工验收时，应提供由省、自治区、直辖市气象主管机构认定的具有防雷装置检测资质的检测机构出具的《防雷装置检测报告》
8.50		等电位联结的线路最小允许截面	全数检查	铜质材料：16mm²（干线）；6mm²（支线）；钢质材料：50mm²（干线）；16mm²（支线）		

第九章　建筑给水排水工程

序号	名　称	检验项目	检验数量（频次）	取样（检验）方法	检验性质	备　注
9.1	建筑排水用硬聚氯乙烯(PVC-U)管材	弯曲度、拉伸试验、维卡软化温度、落锤冲击试验等	同一批原料、配方、同一工艺、同一规格，排水管材每30t为一批，给水管材每100t为一批，每批抽检不少于1组	4根×1m/组（管径≤40mm）；5根×1m/组（管径＞40mm）	复验	1. 建筑给水排水工程材料、成品、配件和设备验收应符合下列规定：1）建筑给水、排水工程所使用的主要材料、成品、配件和设备必须具有中文质量合格文件、规格、型号及性能检测报告应符合国家技术标准或设计要求，进场时应做检查验收，并经监理工程师核查确认；2）本章中未列入的管材（件），应按相应检验标准的规定取样复验，生活给水管材质量证明文件必须提供卫生性能检验报告；3）阀门的强度和严密性试验，应符合下列规定：阀门的强度试验压力为公称压力的1.5倍；严密性试验的压力为公称压力的1.1倍；试验压力在试验持续时间内应保持不变，且壳体填料及阀瓣密封面无渗漏；
9.2	给水用硬聚氯乙烯(PVC-U)管材	弯曲度、维卡软化温度、落锤冲击试验、液压试验等				
9.3	建筑排水用硬聚氯乙烯(PVC-U)管件	维卡软化温度、烘箱试验、坠落试验等	同一批原料、配方、同一工艺、同一规格，排水管材每10000件（管径＜75mm）或每5000件（管径≥75mm）为一批，给水管件每2000件为一批，每批抽检不少于1组	9件/组（其中5件为同一型号，其他为不同型号；给水PVC-U管另送3根带管件接头的试样）		
9.4	给水用硬聚氯乙烯(PVC-U)管件	密度、维卡软化温度、吸水性、烘箱试验、坠落试验等				
9.5	给水.(冷热)用聚丙烯(PP、PP-R、PP-H、PP-B)管材	纵向回缩率、冲击试验、液压试验等	同一批原料、配方、同一工艺、同一规格，每50t为一批，每批抽检不少于1组	4根×1m/组		
9.6	给水（冷热）用聚丙烯(PP、PP-R、PP-H、PP-B)管件	维卡软化温度、烘箱试验、坠落试验等	同一批原料、配方、同一工艺、同一规格，每10000件（管径≤32mm）或每5000件（管径＞32mm）为一批，每批抽检不少于1组	8件/组（另送三根带管件接头的试样）		
9.7	排水用芯层发泡硬聚氯乙烯（PVC-U）管材	弯曲度、环刚度、落锤冲击试验、纵向回缩率等	同一批原料、配方、同一工艺、同一规格，每50t为一批，每批抽检不少于1组	4根×1m/组（管径≤40mm）；5根×1m/组（管径＞40mm）		
9.8	给水用硬聚乙烯(PE)管材	断裂伸长率、纵向回缩率、液压试验等	同一批原料、配方、同一工艺、同一规格，每100t为一批，每批抽检不少于1组	4根×1m/组		

序号	名　称	检验项目	检验数量（频次）	取样（检验）方法	检验性质	备　注
9.9	建筑给水交联聚丙烯（PEX）管材	纵向回缩率、液压试验、交联度等	同一批原料、配方、同一工艺、同一规格，每15t为一批，每批抽检不少于1组	8根×1m/组	复验	4）采用的混凝土、砂浆、砌块等原材料按第二章、第三章相关规定进行复验 2. 室内给水管道的水压试验应符合下列规定： 1）室内给水管道的水压试验必须符合设计要求，当设计未注明时，各种材质的给水管道系统试验压力均为工作压力的1.5倍，且不得小于0.6MPa； 2）金属及复合管给水管道系统在试验压力下观测10min，压力降不应大于0.02MPa，然后降到工作压力进行检查，应不渗不漏； 3）塑料管给水系统应在试验压力下稳压1h，压力降不得超过0.05MPa，然后在工作压力1.15倍状态下稳压2h，压力降不得超过0.03MPa，同时检查各连接处不得渗漏
9.10	埋地排水用硬聚氯乙烯(PVC-U)双壁波纹管材	环刚度、冲击强度、烘箱试验等	同一批原料、配方、同一工艺、同一规格，每30t为一批，每批抽检不少于1组	4根×1m/组（管径≤40mm）；5根×1m/组（管径>40mm）		
9.11	聚乙烯双壁波纹管材	环刚度、环柔度、烘箱试验等	同一批原料、配方、同一工艺、同一规格，每60t为一批（内径≤500mm），或300t为一批（内径>500mm），每批抽检不少于1组	4根×1m/组		
9.12	玻璃钢管	物理力学性能	同厂家、同品种、同规格，玻璃钢管每1000根为一批，钢管每500根为一批，每批抽检不少于1组	8根×1m/组		
	钢管			5根×1m/组		
9.13	钢纤维混凝土检查井盖	承载能力、外观、尺寸偏差等	同品种、同规格、同材料与配合比生产的500套为一批，每批抽检不少于1次	1套/次（井盖、井圈各1件）		
9.14	铸铁检查井盖		同品种、同规格、同材料相同条件下生产的100套为一批，每批抽检不少于1次			
	再生树脂复合材料检查井盖					
9.15	阀门	强度和严密性试验（阀门安装前）	在每批（同牌号、同型号、同规格）数量中抽查10%，且不少于1个，对于安装在主干管上起切断作用的闭路阀门，应逐个做强度和严密性试验	按相应检验标准规定取样		

序号	名 称	检验项目	检验数量（频次）	取样（检验）方法	检验性质	备 注
9.16	钢管道焊接连接	焊缝无损探伤（按设计要求）	无损检测取样数量与质量要求应按设计要求执行；设计无要求时，压力管道的取样数量应不小于焊缝量的10%	现场检测（不合格的焊缝应返修，返修次数不得超过3次）	复验	3. 隐蔽或埋地的排水管道灌水试验应符合下列规定： 1)灌水高度应不低于底层卫生器具的上边缘或底层地面高度； 2）满水15 min水面下降后，再灌满观察5 min，液面不降，管道及接口无渗漏为合格 4. 室内热水管道水压试验应符合下列规定： 1）当设计未注明时，热水供应系统水压试验压力应为系统顶点的工作压力加0.1 MPa，且不小于0.3 MPa； 2)钢管或复合管道系统在试验压力下10 min内压力降不大于0.02 MPa，然后降至工作压力检查，压力应不降，且不渗不漏； 3)塑料管道系统在试验压力下稳定1h，压力降不得超过0.05MPa，然后在工作压力1.15倍状态稳压2h，压力下降不得超过0.03MPa，连接处不得渗漏
9.17	管道连接 / 化学建材管热熔电熔连接	接头力学性能	每200个接头，抽检不少于1组	按相应检验标准规定取样		
		接头现场破坏性检验或翻边切除检验（可任选一种）	现场破坏性检验：每50个接头不少于1个；现场翻边切除检验：每50个接头不少于3个;（单位工程中接头数量不足50个时，仅做熔焊焊缝焊接力学性能试验，可不做现场检验）	现场检验		
9.18	室内给水系统安装（备注7） / 给水管道	水压试验（备注2）	全数检查	现场试验	检验	
		通水试验	全数检查（给水系统交付前）	现场试验（观察和开启阀门、水嘴等放水）		
		给水质量(有关部门提供的检测报告)	全数检查（生活给水系统管道在交付使用前必须冲洗和消毒，并经有关部门取样检验）	现场检查		
		直埋管道防腐处理（塑料管道和复合管道除外）	全数检查（防腐层材质应符合设计要求）	现场检查（观察或局部解剖检查）		

序号	名 称	检验项目	检验数量（频次）	取样（检验）方法	检验性质	备 注
9.19	室内给水系统安装（备注7）	消火栓	试射试验	全数检查	现场试验 [室内消防栓与系统安装完成后应顶层（或水箱间内）试验消火栓和首层取 2 处消火栓做试射试验，达到设计要求为合格]	检 验	5. 室外给水管道水压试验应符合下列规定： 1）当设计未注明时，各种材质的给水管道系统试验压力均为工作压力的1.5 倍，且不得小于 0.6MPa； 2）管材为钢管、铸铁管时，试验压力下 10min 内压力降不应大于0.05MPa，然后降至工作压力进行检查，压力应保持不变，且不渗不漏； 3）管材为塑料管时，试验压力下，稳压 1h 压力降不大于 0.05MPa,然后降至工作压力进行检查，压力应保持不变,且不渗不漏
9.20		给水设备	敞口水箱满水试验和密闭水箱（罐）水压试验	全数检查	现场试验 （1. 满水试验静置24h 观察，不渗不漏； 2. 水压试验在试验压力下10min 压力不降，不渗不漏）		
9.21	室内排水系统安装（备注7）	排水管道	灌水试验（备注3）	全数检查	现场试验 （管道隐蔽或埋地前）		
			管道坡度	全数检查	现场检查 （生活污水铸铁管道、塑料管道的坡度必须符合设计要求或 GB 50242 中表 5.2.2 和表5.2.3 的相关规定）		
			通球试验（立管和水平管）	全数检查	现场试验 （通球试验的通球球径不小于排水管道管径的2/3，通球率必须达到100%）		
			伸缩节、阻火圈或防火套管（塑料管）	全数检查	现场检查 （设计无要求时，伸缩节间距不得大于 4m，高层建筑中明设排水塑料管应按设计要求设置阻火圈或防火套管）		
9.22		雨水管道	灌水试验	全数检查	现场试验 （灌水试验灌水高度必须到每根立管上部的雨水斗，持续 1h，不渗不漏）		
			伸缩节（塑料管）	全数检查	现场检查 （伸缩节安装应符合设计要求）		
			管道坡度	全数检查	现场检查 （悬吊式雨水管道的敷设坡度不得小于 5‰；埋地雨水管道的坡度应符合 GB 50242 中表 5.3.5 的相关规定）		

序号	名 称		检验项目	检验数量（频次）	取样（检验）方法	检验性质	备 注
9.23	室内热水供应系统安装（备注7）	热水供应管道	水压试验（管道保温前）（备注4）	全数检查	现场试验		
			补偿器设置	全数检查	现场检查（补偿器形式、规格、位置应符合设计要求，并按相关规定进行预拉伸）		
			管道冲洗	全数检查	现场检查（观察冲洗出水的浊度）		
9.24		辅助设备	集热排管和上、下集管水压试验（安装太阳能集热器玻璃前）	全数检查	现场试验[水压试验在试验压力(工作压力的1.5倍)下10min内压力不降，且不渗不漏]	检	
			热交换器水压试验	全数检查	现场试验[水压试验在试验压力（工作压力的1.5倍，蒸汽部分应不低于蒸汽供汽压力加0.3MPa；热水部分应不低于0.4MPa）下10min内压力不降，且不渗不漏]		
			敞口水箱满水试验和密闭水箱（罐）水压试验	全数检查	现场试验（满水试验静置24h,观察不渗漏；水压试验在试验压力下10min压力不降，且不渗不漏）	验	
9.25	卫生器具安装	卫生器具	器具满水和通水试验	全数检查	现场试验（器具满水后各连接件不渗不漏；通水试验给、排水畅通）		
			地漏安装	全数检查	现场检查（地漏安装应平正、牢固，低于排水表面，周边无渗漏，水封高度不得小于50mm）		
			泄水管设置	全数检查	现场检查（下沉式卫生间应在沉箱底部设置泄水管）		

序号	名 称	检验项目	检验数量（频次）	取样（检验）方法	检验性质	备 注
9.26	给水管道	水压试验（备注5）	全数检查	现场试验		6. 室外给水管道敷设应符合下列规定： 1）给水管道在埋地敷设时，在无冰冻地区，管顶的覆土埋深不得小于500mm，穿越道路部位的埋深不得小于700mm； 2）给水管道不得直接穿越污水井、化粪池、公共厕所等污染源； 3）管道接口法兰、卡口、卡箍等应安装在检查井或地沟内，不应埋在土壤中； 4）给水系统各种井室内的管道安装，如设计无要求，井壁距法兰或承口的距离：管径≤450mm 时，不得小于 250mm；管径>450mm 时，不得小于 350mm； 5）镀锌钢管、钢管的埋地防腐必须符合设计要求； 6）塑料管道系统在试验压力下稳定 1h，压力降不得超过0.05MPa，然后在工作压力1.15 倍状态下稳压 2h，压力降不得超过0.03MPa，
		管道敷设（备注6）	全数检查	现场检查		
		给水质量（有关部门提供的检验报告）	全数检查	现场检查（生活给水系统管道在交付使用前必须冲洗和消毒，并经有关部门取样检验）		
9.27	室外给水、排水系统安装（备注7）	消防管道水压试验	全数检查	现场试验[系统水压试验在试验压力(工作压力的 1.5 倍，且不得小于 0.6 MPa)下 10min 内压力降不大于 0.05MPa，然后降至工作压力进行检查，压力保持不变，且不渗不漏]	检验	
	消防水泵接合器及室外消防栓	消防管道冲洗	全数检查	现场检查（观察冲洗出水的浊度）		
		安装位置和高度	全数检查	现场检查（消防水泵接合器和消防栓安装位置标志应明显，栓口的位置应方便操作，当采用墙壁式时，如设计未要求，进、出口水栓口的中心安装高度距地面应为1.10m，且上方设有防坠落物打击的措施）		
9.28	排水管道	灌水试验和通水试验（管道埋设前）	全数检查	现场试验（按排水检查井分段做灌水试验和通水试验，试验水头应以试验段上游管顶加1m，时间不少于 30min，逐段观察，排水应畅通、无堵塞，管接口无渗漏）		
		管道坡度	全数检查	现场检查（应符合设计要求）		

序号	名 称		检验项目	检验数量（频次）	取样（检验）方法	检验性质	备 注
9.29	室外给水、排水系统安装（备注7）	管沟及井室	水泥砂浆抗压强度	每50 m³砌体（或检验批）的同配合比砂浆，留置试件应不少于1组	3块×70.7×70.7×70.7(mm)/组	复检	且连接处不得渗漏
			混凝土抗压强度	每浇筑1个台班的同配合比混凝土，留置试件应不少于1组	3块×150×150×150(mm)/组（标准试块）		
			管沟的基层处理和井室的地基	全数检查	现场检查（应符合设计要求）	检验	
			井盖	全数检查	现场检查（各类井室开盖应符合设计要求，应有明显的文字标识，各种井盖不得混用）		
			重型铸铁或混凝土井圈安装	全数检查	现场检查（重型铸铁或混凝土井圈不得直接放在井室的砖墙上，砖墙上应做不少于80mm厚的细石混土垫层）		
			回填土密实度	两井之间或1000m²，每层、每侧抽检1组（每组3点）	现场检测（每层≤300mm）	复验	

序号	名　称	检验项目	检验数量（频次）	取样（检验）方法	检验性质	备　注
9.30	建筑中水系统及游泳池水系统安装（备注7）	中水给水管道及辅助设备	水箱设置	全数检查	现场检查（中水水箱应与生活高位水箱分设在不同的房间内，如果条件不允许只能设在同一房间，其水箱的净距应大于2m）	检 验	7. 建筑给水、排水工程施工质量控制应符合下列要求： 1）地下室或地下构筑物外墙有管穿过的，应采取防水措施，对有严格防水要求的建筑物，必须采用柔性防水套管； 2）管道穿过墙壁和楼板，应设置金属或塑料套管； 3）现浇混凝土、砌筑砂浆所使用的原材料检验详见第二章"混凝土结构工程"、"砌体结构工程"的相关规定
			中水给水管道安装	全数检查	现场检查[1. 不得装设取水水嘴，严禁与生活饮用水给水管连接； 2. 中水管道安装应采取下列措施： 1）中水管道外壁应涂浅绿色标志； 2）中水池（箱）、阀门、水表及给水栓均应有"中水"标志； 3）中水管道不宜暗装]		
9.31		游泳池水系统	给水口、回水口、泄水口	全数检查	现场检查（给水口、回水口、泄水口应采用耐腐蚀的铜、不锈钢、塑料等材料制造，安装时其外表面应与池底面相平行）		
			毛发聚集器	全数检查	现场检查（毛发聚集器应采用铜或不锈钢等耐腐蚀材料制造，过滤筒网的孔径不应大于3mm，其面积应为连接管截面积的1.5～2倍）		

第十章　城镇道路工程

序号	名　称	检验项目	检验数量（频次）	取样（检验）方法	检验性质	备　注
10.1	土方路基	压实度	每 1000 m^2，每压实层（≤300mm）抽检 3 点	现场检测	复验	1. 路基：按照路线位置和一定技术要求修筑的带状构造物，是路面的基础，承受由路面传递下来的行车荷载，地面以下 0.80m 范围内的路基部分称作路床 2. 路肩：位于车行道外缘至路基边缘，具有一定宽度的带状部分，为保持车行道的功能和临时停车的作用，并作为路面的横向支承 3. 反压护道：为了防止软弱地基产生剪切、滑移，保证路基稳定，在路堤两侧填筑起反压作用的具有一定宽度和厚度的土体
10.1	土方路基	弯沉值	每车道，每 20m 测 1 点	现场检测	复验	
10.2	路肩（备注2）	压实度	每 100m，每侧各抽检 1 点	现场检测（压实度≥90%）	复验	
10.3	换填土处理软土路基	压实度	每 1000 m^2，每压实层（≤300mm）抽检 3 点	现场检测	复验	
10.3	换填土处理软土路基	弯沉值	每车道，每 20m 测 1 点	现场检测	复验	
10.4	砂垫层处理软土路基	砂物理性能	同产地、同规格，且≤400 m^3 或 600 t 的产品，抽检不少于 1 次	20kg/次	复验	
10.4	砂垫层处理软土路基	压实度	每 1000 m^2，每压实层（≤300mm)抽检 3 点	现场检测	复验	
10.5	土工材料处理软土路基	土工材料物理力学性能	同厂家、同品种、同规格的产品为一批，每批按 5%抽检	按相应检验标准规定取样	复验	
10.6	反压护道(备注3)	压实度	每 200m，每压实层（≤300mm)抽检 3 点	现场检测（压实度≥90%）	复验	
10.7	袋装砂井	砂物理性能	同产地、同规格，且≤400 m^3 或 600 t 的产品，抽检不少于 1 次	20kg/次	复验	
10.7	袋装砂井	砂袋织物的物理力学性能	同厂家、同品种、同规格的产品，抽检不少于 1 次	按相应检验标准规定取样	复验	

（路基的"路基（备注1）"为第二列合并单元格）

序号	名　称	检验项目	检验数量（频次）	取样（检验）方法	检验性质	备　注
10.8	塑料排水板	塑料排水板物理力学性能	同厂家、同品种、同规格的产品，抽检不少于1次	按相应检验标准规定取样	复验	4. 基层：设在面层以下的结构层主要承受由面层传递的车辆荷载，并将荷载分布到路基上；当基层分为多层时，其最下面的一层称为底基层
10.9	砂桩处理软土路基	砂物理性能	同产地、同规格，且≤400m³或600t的产品，抽检不少于1次	20kg/次		5. 稳定土基层：用水泥、石灰、粉煤灰、沥青等结合料与土、砂砾或其他集料，经拌和、摊铺、压实而成的路面基层的总称；目前常用的是水泥稳定土基层，其他如石灰稳定土、石灰粉煤灰稳定土等检验要求同水泥稳定土
		平板载荷试验	按总桩数的1%抽检，且不少于3处	现场检测		
10.10	碎石桩处理软土路基	碎石物理性能	同产地、同规格，且≤400m³或600t的产品，抽检不少于1次	50~80kg/次		
		平板载荷试验	按总桩数的1%抽检，且不少于3处	现场检测		
10.11	水泥土搅拌桩处理软土路基	水泥常规性能	同厂家、同品种、同强度等级、同批号，且≤500t（散装水泥）或200t（袋装水泥）的产品，抽检不少于1次	10kg/次		6. 稳定土基层中土类材料应符合下列要求： 1）土的均匀系数不应小于5，宜大于10，塑性指数宜为10~17； 2）土中小于0.6mm的颗粒含量应小于30%； 3）宜选用粗粒土
		平板载荷试验	按总桩数的1%抽检，且不少于3处	现场检测		
10.12	强夯处理路基	压实度	每1000m²，每压实层（≤300mm）抽检3点	现场检测		
10.13	强夯置换处理路基	平板载荷试验	按总墩数的1%抽检，且不少于3处	现场检测		

序号名称列含"路基（备注1）"跨行。

序号	名 称	检验项目	检验数量（频次）	取样（检验）方法	检验性质	备 注
10.14	基层（备注4）	水泥稳定土基层及底基层（备注5） 水泥常规性能	同厂家、同品种、同强度等级、同批号，且≤500 t（散装水泥）或200 t（袋装水泥）的产品，抽检不少于1次	30～40kg/次	复 验	7. 热拌沥青混合料面层：用沥青结合料与不同矿料加热拌制的特粗粒式、粗粒式、中粒式、细粒式、砂粒式沥青混合料铺筑面层的总称，按照面层的功能划分为表面层、中间层和基层
		土类材料（备注6）	按不同进场批次，每批抽检1次	按相应检验标准规定取样		
		细集料物理性能	同产地、同规格，且≤400 m³或600 t的产品，抽检不少于1次	40～50kg/次（石屑、砂等）		
		粗集料物理性能	同产地、同规格，且≤400 m³或600 t的产品，抽检不少于1次	50～80kg/次（碎石、砂砾、矿渣等）		
		配合比设计	每种水泥稳定土基层，不应少于1次	按相应检验标准规定取样		
		压实度	每1000 m²，每压实层（≤300mm）抽检1点	现场检测		
		7d无侧限抗压强度	每2000 m²抽检1组	6块/组（现场取样）		
		弯沉值（按设计要求）	每车道，每20m抽检1点	现场检测		
10.15		级配碎石、碎砾石基层及底基层 粗集料物理性能	同产地、同规格，且≤400 m³或600 t的产品，抽检不少于1次	50～80kg/次（包括碎石、碎砾石、砂砾、砾石）		
		配合比设计	每种级配碎石及级配碎砾石基层，不少于1次	按相应试验标准规定取样		
		压实度	每1000 m²，每压实层（≤300mm）抽检1点	现场检测		
		弯沉值	每车道，每20m抽检1点	现场检测		

序号	名　称	检验项目	检验数量（频次）	取样（检验）方法	检验性质	备　注
10.16	热拌沥青混合料面层（HMA）（备注7）	热拌沥青混合料面层（HMA）（备注8）	道路用沥青质量指标（备注9）	同厂家、同品种、同标号、同批号连续进场的石油沥青每100 t 为一批，改性沥青每50 t 为一批，每批抽检不少于1次	3kg/次	复验	8. 热拌沥青混合料（HMA）： 1）热拌沥青混合料其种类按集料公称最大粒径、矿料级配、空隙率大小划分，通常采用有密级配沥青混合料如沥青混凝土（AC）、沥青稳定碎石（ATB）、沥青玛蹄脂碎石（SMA），开级配沥青混合料如排水式沥青磨耗层（OGFC）、排水式沥青碎石基层（ATPB）等； 2）沥青混合料面层不得在雨、雪天气及环境最高温度低于5℃ 时施工； 3）热拌沥青混合料路面应待摊铺层自然降温至表面温度低于50℃ 后，方可开放交通
			粗集料质量指标	同产地、同规格，且≤400 m³ 或600 t 的产品，抽检不少于1次 （粒径＞2.36mm 的碎石、破碎砾石、钢渣、矿渣等）	50～80kg/次		
			细集料质量指标	同产地、同规格，且≤400 m³ 或600 t 的产品，抽检不少于1次 （粒径＜2.36mm 的天然砂、机制砂、石屑等）	40～50kg/次		
			矿粉填料质量指标（备注10）	同产地、同规格，且≤400 m³ 或600 t 的产品，抽检不少于1次	10kg/次		
			纤维稳定剂质量指标（备注11）	同厂家、同品种的产品，抽检不少于1次	3kg/次		
			沥青混合料配合比设计	同品种沥青混合料，试验应不少于1次	按相应试验标准规定取样		
			沥青混合料拌和温度、出厂温度	全数检查	现场检测	检验	9. 道路用沥青：指道路石油沥青、道路用乳化沥青、道路用液体石油沥青、聚合物改性沥青、改性乳化沥青等的总称，道路用沥青的质量复验项目： 1）延度、针入度（液体沥青为黏度）、软化点；
			沥青混合料成品质量	每日、每品种的产品抽检1次（在沥青混合料拌和厂或在碾压成品的路面随机抽取） （注：成品质量包括： 1. 稳定度、密度、沥青含量和集料筛分析等； 2. 对城市快速路一般需加做稳定度（车辙）试验）	50kg/次 （用铁制桶或较牢固纸箱装样）	复验	

序号	名　称	检验项目	检验数量（频次）	取样（检验）方法	检验性质	备　注
10.16	热拌沥青混合料面层（备注7）	热拌沥青混合料面层（HMA）（备注8）	沥青混合料芯样稳定度试验（备注12）	对不符合要求的路段，每公里抽检不少于1组	3个/组	复验	2）对于城市快速路还需要沥青老化试验和沥青与粗集料的粘附性试验；3）乳化沥青、改性沥青以及其他沥青的试验项目，应根据道路等级、结构层类别、沥青的品种以及相应施工及验收规范的规定来确定
			压实度（备注13）	每1000 m²抽检1点（多层时，应分层检验）	1个/点		
			弯沉值	每车道，每20m测1点	现场检测（面层完成后）		
			面层厚度	每1000 m²抽检1点	现场检测（钻芯法）		
			平整度	每车道，每100m抽检1点（≤9m）、2点（9~15m）、3点（≥15m）	现场检测（测平仪）		
			抗滑 摩擦系数	每200m抽检1点	现场检测（摆式仪或横向力系数测试车）		
			抗滑 构造深度	每200m抽检1点	现场检测（砂铺法或激光构造深度仪）		
10.17		透层、粘层、封层（备注14、15、16）	沥青质量指标（备注9）	同厂家、同品种、同标号、同批号连续进场的石油沥青每100 t为一批，改性沥青每50 t为一批，每批抽检不少于1次	3kg/次		
			封层集料质量指标	同10.16条	同10.16条		
			封层沥青混合料配合比设计	同品种沥青混合料，试验应不少于1次	按相应试验标准规定取样		

序号	名　称		检验项目	检验数量（频次）	取样（检验）方法	检验性质	备　注
10.18	水泥混凝土面层（备注17）	热轧带肋钢筋	力学工艺性能、重量偏差	同厂家、同牌号、同规格，且≤60t的产品，抽检1组（每组试件n=5支），当产品批量超过60t时，每增加40t，每组抽检试件增加1~2支	n支×（550~600mm/组）；热轧钢n取值规定：批量≤60t时，$n=5$支；60t＜批量≤100t时，$n=6$支；100t＜批量≤140t时，$n=8$支；140t＜批量≤180t时，$n=10$支	复验	10. 沥青混合料的矿粉填料必须采用石灰石或岩浆岩中的强基性岩石等憎水性石料经磨细得到 11. 在沥青混合料中掺加的纤维稳定剂宜选用木质素纤维、矿粉纤维等 12. 沥青路面芯样稳定度试验（或称沥青路面芯样马歇尔试验）适用于在摊铺现场已经碾压成型的路面结构层逐层钻取有代表性的芯样进行马歇尔稳定度等主要质量指标的检验；本方法不作为沥青路面的验收依据，仅作为质量问题处理的依据；沥青混合料面层验收出现下列情况时，应采用钻芯法进行沥青混合料稳定度试验：1）沥青混合料成品质量未按规定进场复验；2）沥青混合料成品质量检验结果不符合设计要求；3）对沥青混合料成品质量有怀疑时
		热轧光圆钢筋					
		冷轧带肋钢筋	力学工艺性能、重量偏差	同厂家、同牌号、同规格，且≤60t的产品，抽检1组	5支×（550~600mm/组）		
		钢纤维	力学性能	同厂家、同品种、同规格的产品，抽检不少于1次	按相应检验标准规定取样		
10.19	预拌混凝土	水泥	常规性能	不超过3个月，同厂家产品所使用的原材料，抽检不少于1次（搅拌站现场取样）	12kg/次		
		粉煤灰	物理性能		3kg/次		
		砂	物理性能、氯离子含量		20kg/次		
		碎石或卵石	物理性能		60kg和20kg（粒径10~20mm）/次		
		外加剂	物理性能	同厂家、同品种、同批号，且≤50t的产品，抽检不少于1次	5kg/次		

序号	名　　称		检验项目	检验数量（频次）	取样（检验）方法	检验性质	备　注
10.20	水泥混凝土面层（备注17）	水泥混凝土面层	混凝土弯拉强度(含同条件)	每浇筑100m³（或检验批）的同配比的水泥混凝土，留置标养和同条件养护试件各不少于1组	3块×150×150×550(mm)/组（备注18）	复　　　　　验	13.沥青混合料面层压实度采用钻芯法；沥青混合料标准密实度以实验室密实度作为标准密实度，即沥青拌合厂每天取样实测的马歇尔试件密实度，取其平均值作为该批混合料铺筑路段压实度的标准密度；沥青混合料面层压实度，对城市快速道路、主干道不应小于96%，对次干道及以下道路不应小于95%
			混凝土劈裂试验（备注19）	每不符合要求的标养试块和同条件养护试件，抽检1组	3个/组（钻芯法）		
			面层厚度	每1000m²抽检1点	现场检测（钻芯法）		
			抗滑构造深度	每1000m²抽检1点	现场检测（铺砂法）		
			平整度	每车道，每100m抽检1点	现场检测（测平仪）		
10.21	铺砌式面层	料石面层和预制混凝土砌块面层	石料抗压强度	同厂家、同品种、同规格的产品，抽检不少于1组	10块/组		
			混凝土预制砌块抗压强度	同厂家、同品种、同规格，且≤1000m²的产品抽检1组	15块/组		
			水泥常规性能	同厂家、同品种、同强度等级、同批号，且500t（散装水泥）或≤200t（袋装水泥）的产品，抽检不少于1次	12kg/次		
			砂物理性能	同产地、同规格，且≤400m³或600t的产品，抽检不少于1次	20kg/次		
			砂浆配合比设计	同品种、同强度等级的砂浆，试验应不少于1次	水泥：10kg/次；砂：25kg/次		
			砂浆抗压强度	同一配合比砂浆，每1000m²留置试件应不少于1组	3块×70.7×70.7×70.7(mm)/组		

序号	名称	检验项目	检验数量（频次）	取样（检验）方法	检验性质	备注
10.22	人行道铺筑	路床压实度	每100m抽检2点	现场检测（压实度≥90%）	复验	14.透层：为使沥青面层与非沥青材料基层结合良好，在基层上喷洒液体石油沥青、乳化沥青和煤沥青面形成的透入基层表面一定深度的薄层
		基层压实度				
	料石和混凝土预制砌块铺筑人行道（含盲道）	石材抗压强度	同厂家、同品种、同规格的产品，抽检不少于1组	10块/组		15.粘层：为加强路面沥青与沥青层之间、沥青层与水泥混凝土之间的粘结面而洒布的沥青材料薄层
		混凝土预制砌块抗压强度	同厂家、同品种、同规格的产品，抽检不少于1组	15块/组（含盲道砌块）		
		水泥常规性能	同厂家、同品种、同强度等级、同批号，且≤500t（散装水泥）或≤200t（袋装水泥）的产品，抽检不少于1次	12kg/次		16.封层：为封闭表面空隙，防止水分浸入而在沥青面层、基层上铺筑一定厚度的沥青混合料薄层；铺筑在沥青面层表面的称为上封层，铺筑在沥青面层下面、基层表面的称为下封层
		砂物理性能	同产地、同规格，且≤400m³或600t的产品，抽检不少于1次	20kg/次		
		砂浆配合比设计	同品种、同强度等级的砂浆，试验应不少于1次	水泥：10kg/次；砂：25kg/次		
		砂浆抗压强度	同一配合比砂浆，每1000m²留置试件应不少于1组	3块×70.7×70.7×70.7(mm)/组		
10.23		沥青混合料铺筑人行道面层	路床压实度	每100m抽检2点	现场检测（压实度≥90%）	
			基层压实度			
		沥青混合料成品质量	在沥青混合料拌合厂或在碾压成品的路面每日、每品种的产品抽检1次（注:成品质量包括稳定度、密度、沥青含量和集料筛分值）	50kg/次（用铁制桶或牢固纸箱装样）	
		沥青混合料压实度（备注13）	每100m²抽检2点	现场检测（压实度≥95%）	

序号	名　称	检验项目	检验数量（频次）	取样（检验）方法	检验性质	备　注
10.24	附属构筑物（备注20）	混凝土路缘石	抗压强度	同厂家、同品种、同规格的产品，抽检1组	3块/组	复验	17. 水泥混凝土面层施工应符合下列规定： 1）传力杆设置：沿水泥混凝土路面板胀缝（路面板上设置的横缝，其作用是使混凝土板在温度升高时能自由延伸），每隔一定距离在板厚中央布置圆钢筋，其一端固定在一侧板内，另一端可以在邻侧板内滑动（可采用镀锌铁皮管、硬塑料管等制作滑动套），其作用是在两块路面板之间传递行车荷载和防止错台； 2）拉杆设置：设水泥混凝土路面板的纵缝（平行路中线的缝），每隔一定距离在板厚中央布置变形钢筋，其作用是防止路面板错动和纵缝间隙扩大； 3）横缝施工应符合下列规定： ①胀缝间距应符合设计规定，缝宽宜为20 mm，在与结构物衔接处、道路交叉和填挖土方变化处，应设胀缝； ②缩缝（其作用是防止产生不规则的裂缝）应垂直板面，
		预制砌块	抗压强度	同厂家、同品种、同规格的产品，抽检1组	3块/组		
		隔离墩	抗压强度	同厂家、同品种、同规格，且≤2000块的产品，抽检1组	3块/组		
		混凝土和钢筋混凝土排水管	物理力学性能	同厂家、同品种、同规格的产品，抽检1组	按相应检验标准规定取样		
		回填土	压实度	两井之间或1000 m²，每层（≤300mm）每侧检测3点	现场检测		
		现浇混凝土	抗压强度	每浇筑100 m³（或检验批）同配合比混凝土，留置试件应不少于1组	3 块×150×150×150(mm)/组（标准试块）		
		砌筑砂浆	抗压强度	每50 m³砌体（或检验批）同配合比砂浆，留置试件应不少于1组	3 块×70.7×70.7×70.7(mm)/组		
10.25	广场与停车场面层	路基	同本章"路基"的相关规定				
		基层	同本章"基层"的相关规定				
		沥青混合料面层	同本章"沥青混合料面层"的相关规定				
		水泥混凝土面层	同本章"水泥混凝土面层"的相关规定				
		铺砌式面层	同本章"铺砌式面层"的相关规定				
		盲道铺筑	同本章"盲道铺筑"的相关规定				

序号	名 称		检验项目	检验数量（频次）	取样（检验）方法	检验性质	备 注
10.26	人行地道结构（备注21）	地基处理		同第一章"地基与基础工程"的相关规定		复 验	宽度宜为4~6mm，切缝深度：设传力杆时，不应小于面层厚的1/3，且不得小于70mm；不设传力杆时不应小于面层厚度的1/4，且不应小于60mm；③填缝材料宜采用树脂类、橡胶类、聚氯乙烯胶泥、改性沥青等填缝材料；④在面层混凝土弯拉强度达到设计强度，且填缝完成前不得开放交通
		防水材料					
		钢筋					
		混凝土					
		砌块		同第三章"砌体结构工程"的相关规定			
		砌筑砂浆					
10.27	挡土墙（备注22）	地基处理		同第一章"地基与基础工程"的相关规定			
		砌块（含石料）		同第十三章"建筑边坡工程"的相关规定			
		砌筑砂浆					
		钢筋					
		混凝土					
		加筋挡土墙拉环、筋带材料		同厂家、同品种、同规格的产品，抽检不少于1组			
		加筋挡土墙压实度		每压实层，每500 m²取1点，不足500 m²取1点			
10.28	隧道工程	钢筋	热轧带肋钢筋	力学工艺性能、重量偏差	同厂家、同牌号、同规格，且≤60 t的产品，抽检1组(每组试件 n=5支),当产品批量超过60 t，每增加40 t，每组抽检试件增加1~2支	n支×(550~600mm/组);热轧钢 n 取值规定：批量≤60 t时，n=5支；60 t<批量≤100 t时，n=6支；100 t<批量≤140 t时，n=8支；140 t<批量≤180 t时，n=10支	
			热轧光圆钢筋				
			冷轧带肋钢筋	力学工艺性能、重量偏差	同厂家、同牌号、同规格，且≤60 t的产品，抽检不少于1组	5支×(550~600mm/组)	

序号	名 称		检验项目	检验数量（频次）	取样（检验）方法	检验性质	备 注
10.29	钢材	碳素结构钢	力学性能	同厂家、同牌号、同规格，且≤60 t的产品，抽检不少于1组	钢板：2件×400×30(mm)/组；型材：2段×400mm/组；圆钢：2段×400mm/组	复 验	18. 水泥混凝土平均弯拉强度合格判断式： 1）当试件组数 $n \geqslant 10$ 组时： $f_{cs} \geqslant f_r + k\delta$ 式中： f_{cs}——混凝土合格判定平均弯拉强度（MPa）； f_r——设计弯拉强度标准值（MPa）； k——合格判定系数，$n=11 \sim 14$ 时，$k=0.75$；$n=15 \sim 19$ 时，$k=0.70$；$n \geqslant 20$ 时，$k=0.65$； δ——强度标准差； 2）当试件组数 $n \geqslant 11 \sim 19$ 组时，允许有一组最小弯拉强度小于 $0.85 f_r$，但不得小于 $0.80 f_r$；当试件组数 $n \geqslant 20$ 组时，允许有一组最小弯拉强度小于 $0.85 f_r$，但不得小于 $0.75 f_r$，城市快速干道不得小于 $0.80 f_r$； 3）当试件组数 $n \leqslant 10$ 组时，试件平均强度不得小于 $1.10 f_r$，任一组强度均不得小于 $0.85 f_r$
		优质碳素结构钢					
10.30	隧 道 工 程	预拌混凝土	水泥 常规性能	不超过3个月，同厂家产品所使用的原材料，抽检不少于1次（搅拌站现场取样）	12kg/次		
			粉煤灰 物理性能		3kg/次		
			砂 物理性能、氯离子含量		20kg/次		
			碎石或卵石 物理性能		60 kg和20 kg（粒径10～20mm）/次		
			外加剂 物理性能	同厂家、同品种、同批号，且≤50 t的产品，抽检不少于1次	5kg/次		
10.31		现场拌制混凝土	水泥 常规性能	同厂家、同品种、同强度等级、同批号，且≤500 t（散装水泥）或≤200 t（袋装水泥）的产品，抽检不少于1次	12kg/次		
			砂 物理性能、氯离子含量	同产地、同规格，且≤400m³或600 t的产品，抽检不少于1次	20kg/次		
			碎石或卵石 物理性能	同产地、同等级，且≤400m³或600 t的产品，抽检不少于1次	60kg和20 kg（粒径10～20mm）/次		
			外加剂 物理性能	同厂家、同品种、同批号，且≤50 t的产品，抽检不少于1次	5kg/次		
			混凝土配合比设计 配合比试验	同品种、同强度等级的混凝土，试验应不少于1次	水泥：50kg；砂：50kg；石子：70kg		

序号	名　称		检验项目	检验数量（频次）	取样（检验）方法	检验性质	备　注
10.32	隧道工程	防水材料（备注23）	高分子防水材料止水带	拉伸强度、扯断伸长率、撕裂强度	同厂家、同品种、同规格，且每月同标记的产品，抽检不少于1次	0.5 m²/次	复验	19. 水泥混凝土面层验收出现下列情况时，应采用钻芯法进行混凝土劈裂试验： 1）混凝土弯拉强度检验数量不足或缺乏代表性； 2）混凝土弯拉强度试件的检验结果不满足设计要求； 3）对混凝土弯拉强度试件的检验结果有怀疑时 20. 附属构筑物包括以下内容：1）路缘石；2）雨水支管与雨水口；3）排水沟或截水沟；4）护坡；5）隔离墩；6）隔离栅；7）声屏障；8）护栏；9）倒虹管及涵洞；10）路灯安装（土建工程）（现浇混凝土、砌筑砂浆所使用的原材料检验同10.19条、10.22条） 21. 人行地道结构包括以下内容： 1）现浇钢筋混凝土人行地道； 2）预制安装钢筋混凝土结构人行地道； 3）砌筑墙体、钢筋混凝土顶板结构人行地道
			高分子防水材料遇水膨胀橡胶	拉伸强度、扯断伸长率、体积膨胀倍率	同厂家、同品种、同规格，且每月同标记的产品，抽检不少于1次	3条×1m/次		
			塑料排水板	物理力学性能	同厂家、同品种、同规格的产品，抽检不少于1次	按相应检验标准规定取样		
10.33		锚杆(备注24)	抗拔承载力基本试验	按设计要求，且试验数量不应少于3根（试验采用的地质条件、杆体材料、锚杆参数和施工工艺应与工程锚杆相同）	现场检测		
			抗拔承载力验收试验	不应少于同类型锚杆总数的1%，且不得少于3根（检测结果不符合设计要求时，应按不满足要求的数量加倍扩大抽检）	现场检测		
			浆体抗压强度	每灌注30根锚杆（或检验批）同配合比浆体，留置试件应不少于1组	6块×70.7×70.7×70.7(mm)/组		

序号	名 称	检验项目	检验数量（频次）	取样（检验）方法	检验性质	备 注
10.34	隧道工程	喷射混凝土（初衬砌）	混凝土抗压强度	双车道隧道每10延米，至少在拱部和边墙各制取1组试块（注:喷射混凝土试件的制作方法包括喷大板切割法和凿方切割法）	3块×100×100×100(mm)/组	复验	22. 挡土墙包括以下内容： 1）现浇钢筋混凝土挡土墙； 2）装配式钢筋混凝土挡土墙； 3）砌体挡土墙； 4）加筋土挡土墙 23. 未列入本章的防水材料均按相关规定进场复验 24. 此处锚杆指喷锚支护工程中的锚杆，不包含辅助施工措施的超前锚杆、超前钢管、小导管预注浆等 25. 本章所列隧道现场监控量测项目为必测项目，其他项目应根据设计要求，隧道横断面形状和断面大小、埋深、围岩条件、周边环境条件、支护类型和参数、施工方法等综合选择（详见《公路隧道施工技术规范》表10.2.2）

注：由于此表为单个合并表格，下方继续列出其余行。

序号	名 称	检验项目	检验数量（频次）	取样（检验）方法	检验性质
10.34		喷射厚度	每10m检查一个断面，每个断面从拱顶中线起每3m检查1点（平均厚度≥设计厚度；检查点的90%≥设计厚度；最小值≥0.5倍设计厚度，且≥50mm）	现场检测（凿穴法或雷达探测法）	检验
10.35	现浇混凝土（含衬砌、仰拱和底板）	混凝土抗压强度	每浇筑100m³同配合比的混凝土或每一工作班应留置2组试块	3块×150×150×150(mm)/组（标准试块）	复验
		混凝土抗渗等级	每浇筑500m³同配合比的混凝土，且不超过200m长度，应留置1组试块	6块×175（上口直径）×185（下口直径）×150（高）(mm)/组	
10.36	现场监控量测（备注25）	洞内、外观测	现场确定	现场观测（开挖及初勘支护后进行）	检验
		周边位移	每5～50m一个断面，每断面2～3对测点	现场检测	
		拱顶下沉	每5～50m一个断面		
		地表下沉	洞口段、浅埋段（$h_0 \leq 2b$，其中b为隧道开挖宽度；h_0为隧道埋深）	现场检测	

第十一章 给水排水管道工程

序号	名 称	检验项目	检验数量（频次）	取样（检验）方法	检验性质	备 注
11.1	建筑排水用硬聚氯乙烯(PVC-U)管材	弯曲度、拉伸试验、维卡软化温度、落锤冲击试验等	同一批原料、配方、同一工艺、同一规格，排水管材每30 t为一批，给水管材每100 t为一批，每批抽检不少于1组	4根×1m/组（管径≤40 mm）；5根×1m/组（管径>40 mm）	复	1. 工程所采用的管材（含管件）和原材料应符合下列规定：1）未列入本章的管材（含管件）均应按相应检验标准的规定取样复验；2）除使用量较少的工程外，应限制使用现场拌制混凝土；3）工程中使用的水泥、砂、石等原材料的检验同11.24条
11.2	给水用硬聚氯乙烯(PVC-U)管材	弯曲度、维卡软化温度、落锤冲击试验、液压试验等				
11.3	建筑排水用硬聚氯乙烯(PVC-U)管件	维卡软化温度、烘箱试验、坠落试验等	同一批原料、配方、同一工艺、同一规格，排水管材每10000件（管径<75mm）或每5000件（管径≥75mm）为一批，给水管件每2000件为一批，每批抽检不少于1组	9件/组（其中5件为同一型号其他为不同型号，给水PVC-U管另送3根带管件接头的试样）	验	
11.4	给水用硬聚氯乙烯(PVC-U)管件	密度、维卡软化温度、吸水性、烘箱试验、坠落试验等				
11.5	给水（冷热）用聚丙烯（PP、PP-R、PP-H、PP-B）管材	纵向回缩率、冲击试验、液压试验等	同一批原料、配方、同一工艺、同一规格，每50t为一批，每批抽检不少于1组	4根×1m/组		
11.6	给水（冷热）用聚丙烯（PP、PP-R、PP-H、PP-B）管件	维卡软化温度、烘箱试验、坠落试验等	同一批原料、配方、同一工艺、同一规格，每10000件（管径≤32mm）或每5000件（管径>32mm）为一批，每批抽检不少于1组	8件/组（另送三根带管件接头的试样）		
11.7	排水用芯层发泡硬聚氯乙烯(PVC-U)管材	弯曲度、环刚度、落锤冲击试验、纵向回缩率等	同一批原料、配方、同一工艺、同一规格，每50 t为一批，每批抽检不少于1组	4根×1m/组（管径≤40 mm）；5根×1m/组（管径>40 mm）		
11.8	给水用硬聚乙烯(PE)管材	断裂伸长率、纵向回缩率、液压试验等	同一批原料、配方、同一工艺、同一规格，每100 t为一批，每批抽检不少于1组	4根×1m/组		

（主要管材（含管件）和原材料（备注1））

序号	名称	检验项目	检验数量（频次）	取样（检验）方法	检验性质	备注
11.9	建筑给水交联聚丙烯（PEX）管材	纵向回缩率、液压试验、交联度等	同一批原料、配方、同一工艺、同一规格，每 15 t 为一批，每批抽检不少于 1 组	8 根×1m/组		
11.10	埋地排水用硬聚氯乙烯(PVC–U)双壁波纹管材	环刚度、冲击强度、烘箱试验等	同一批原料、配方、同一工艺、同一规格，每 30 t 为一批，每批抽检不少于 1 组	4 根×1m/组（管径≤40 mm）；5 根×1m/组（管径＞40 mm）		
11.11	聚乙烯双壁波纹管材	环刚度、环柔度、烘箱试验等	同一批原料、配方、同一工艺、同一规格，每 60 t 为一批（内径≤500mm），或 300 t 为一批（内径＞500mm），每批抽检不少于 1 组	4 根×1m/组		
11.12	给水衬塑复合钢管	结合强度、弯曲试验、压扁试验等	每 2000 根（管径≤50mm）或每 1000 根（管径＞50 mm）为一批，每批抽检不少于 1 组	3 根×1.2m/组	复验	
11.13	涂塑复合钢管（钢塑管）	附着力试验、弯曲试验、压扁试验等	涂层厚度检验：每 250 根为一批，力学试验：每 2000 根（管径≤50 mm）或每 1000 根（管径＞50 mm）为一批，每批抽检不少于 1 组	3 根×1.2m/组		
11.14	钢丝网骨架塑料复合管	环刚度、纵向回缩率、开裂稳定性、扁平试验等	同一批原料、配方、工艺、同一规格，且 5000m 为一批，不足批数，以 7d 产量为一批，每批抽检不少于 1 组	5 根×1m/组		
	孔网钢带聚乙烯复合管					
11.15	玻璃钢管	物理力学性能	同厂家、同品种、同规格，每 1000 根为一批，每批抽检不少于 1 组	8 根×1m/组		
11.16	钢管	物理力学性能	同厂家、同品种、同规格每 500 根为一批，每批抽检不少于 1 组	3 根×1m/组		
11.17	球墨铸铁管	物理力学性能	同厂家、同品种、同规格的产品，抽检不少于 1 次	按相应检验标准规定取样		

（名称列纵向合并单元格：主要管材（含管件）和原材料（备注 1））

序号	名　称		检验项目	检验数量（频次）	取样（检验）方法	检验性质	备　注
11.18	主要管材（含管件）和原材料（备注1）	钢筋混凝土（预应力）管	承载力、挠度、抗裂或裂缝宽度	对成批生产的排水管，应按同一工艺正常生产的不超过1000件，且不超过3个月的同类型产品为一批，每批抽检不少于1次	1件/次	复验	2. 土石方工程： 1）包括给排水管道工程的土方开挖、回填、沟槽支护和地基处理； 2）沟槽支护、地基处理（包括处理土地基、复合地基）验收详见第一章"地基与基础工程"的相关规定 3. 刚性管道指主要依靠管体材料强度支撑外力的管道，在外荷载作用下变形很小，如钢筋混凝土、预应力混凝土管等 4. 柔性管道指在外荷载作用下变形显著的管道，主要指钢管、化学建材管和柔性接口（如用橡胶圈等材料密封连接的管道接口）的铸铁管等
11.19		橡胶圈（密封胶圈、止水胶圈）	邵氏硬度拉伸强度、拉断伸长率、老化系数等	同厂家、同品种、同规格的产品，抽检不少于1次	按相应检验标准规定取样		
11.20		防腐材料	物理性能	同厂家、同品种、同批号的产品，抽检不少于1次（包括液体环氧涂料、石油沥青涂料、环氧煤沥青、环氧树脂玻璃钢等）	按相应检验标准规定取样		
11.21		井盖　钢纤维混凝土检查井盖	承载能力、外观、尺寸偏差等	同品种、同规格、同材料与配合比生产的500套为一验收批，每批检验不少于1次	1套/次（井盖、井圈各1件）		
		铸铁检查井盖		同品种、同规格、同材料相同条件下生产的100套为一验收批，每批抽检不少于1次			
		再生树脂复合材料检查井盖					
11.22		钢筋　热轧带肋钢筋		同厂家、同牌号、同规格，且≤60 t的产品，抽检1组（每组试件 $n=5$ 支），当产品批量超过60 t时，每增加40t，每组抽检试件增加1~2支	n 支×（550~600mm/组）；热轧钢 n 取值规定：批量≤60 t时，$n=5$ 支；60 t<批量≤100 t时，$n=6$ 支；100 t<批量≤140 t时，$n=8$ 支；140 t<批量≤180 t时，$n=10$ 支		
		热轧光圆钢筋					

序号	名称		检验项目	检验数量（频次）	取样（检验）方法	检验性质	备注
11.22	钢筋	冷轧带肋钢筋	力学工艺性能、重量偏差	同厂家、同牌号、同规格，且≤60 t 的产品，抽检 1 组	5 支×（550~600mm/组）		
11.23	主要管材（含管件）和原材料（备注1）	预拌混凝土	水泥	常规性能	不超过 3 个月，同厂家产品所使用的原材料，抽检不少于 1 次（搅拌站现场取样）	12kg/次	复验
			粉煤灰	物理性能		3kg/次	
			砂	物理性能、氯离子含量		20kg/次	
			碎石或卵石	物理性能		60 kg 和 20kg（粒径 10~20mm）/次	
			外加剂	物理性能		5kg/次	
11.24		现场拌制混凝土	水泥	常规性能	同厂家、同品种、同强度等级、同批号，且≤500 t（散装水泥）或≤200 t（袋装水泥）的产品，抽检不少于 1 次	12kg/次	
			砂	物理性能、氯离子含量	同产地、同规格，且≤400m³ 或 600 t 的产品，抽检不少于 1 次	20kg/次	
			碎石或卵石	物理性能	同产地、同等级，且≤400m³ 或 600 t 的产品，抽检不少于 1 次	60kg 和 20kg（粒径 10~20 mm）/次	
			外加剂	物理性能	同厂家、同品种、同批号，且≤50 t 的产品，抽检不少于 1 次	5 kg/次	
			混凝土配合比设计	配合比试验	同品种、同强度等级的混凝土，试验应不少于 1 次	水泥：50 kg；砂：50 kg；石子：70kg	

序号	名 称		检验项目	检验数量（频次）	取样（检验）方法	检验性质	备 注
11.25	主要管材（含管件）和原材料（备注1）	现场拌制砂浆	水泥	常规性能	同厂家、同品种、同强度等级、同批号，且≤500 t（散装水泥）或≤200 t（袋装水泥）的产品，抽检不少于1次	12kg/次	复验	5. 开槽施工管道主体结构适用于预制成品管和现浇混凝土渠（涵）、砖块（砖、混凝土砌块）砌筑渠（涵）的给排水管道工程
			砂	物理性能	同产地、同规格，且≤400 m³ 或 600 t 的产品，抽检不少于1次	20kg/次		
			砂浆配合比设计	配合比试验	同品种、同强度等级的砂浆，试验应不少于1次	水泥：10 kg；砂：25 kg		
11.26		砌块（砖）		抗压强度	同厂家、同品种、同规格，且≤10 万块的产品，检验不少于1次	20块/次		6. 钢管安装除应符合《给水排水管道工程施工及验收规范》GB 50268（简称《规范》）外，还应符合现行国家标准《工业金属管道工程施工及验收规范》GB 50235、《现场设备、工业管道焊接工程施工及验收规范》GB 50236 等规范的规定
11.27			碳素结构钢	力学性能	同厂家、同牌号、同规格，且≤60 t 的产品，抽检不少于1组	钢板：2 件×400×30 (mm)/组 型材：2 段×400mm/组 圆钢：2 段×400mm/组		
			优质碳素结构钢					
11.28		防水材料	高分子防水材料止水带	拉伸强度、扯断伸长率、撕裂强度	同厂家、同品种、同规格，且每月同标记的产品，抽检不少于1次	0.5 m²/次		
			高分子防水材料遇水膨胀橡胶	拉伸强度、扯断伸长率、体积膨胀倍率	同厂家、同品种、同规格，且每月同标记的产品，抽检不少于1次	3 条×1m/次		
			塑料排水板	物理力学性能	同厂家、同品种、同规格的产品，抽检不少于1次	按相应检验标准规定取样		

序号	名称		检验项目	检验数量（频次）	取样（检验）方法	检验性质	备注
11.29	土石方工程（备注2）	沟槽开挖与支护	沟槽支护 （1. 符合设计要求及第一章"地基与基础工程"的相关规定； 2. 对于撑板、钢板桩支撑还应符合下列规定： 1）支撑方式、支撑材料符合设计要求； 2）支护结构、刚度、稳定性符合设计要求）	全数检查	现场检查 [1. 木撑板构件现场应符合下列规定： 1）撑板厚度不宜小于50mm，长度不宜小于4m； 2）横梁或纵梁宜为方木，其断面不宜小于 150×150(mm)； 3）横撑宜为圆木，其梢径不宜小于 100 mm； 2. 撑板支撑的横梁、纵梁和横梁布置应符合下列规定： 1）每根横梁或纵梁不得少于 2 根横撑； 2）横撑的水平间距宜为1.5~2.0 m； 3）横撑的垂直间距不宜大于 1.5 m； 4）横撑影响下管时，应有相应的替撑措施或其他有效的支撑结构； 3. 撑板支撑应随挖土及时安装]	检验	
			沟槽开挖 （1. 开挖断面应符合设计要求，机械开挖时槽底预留200~300mm； 2. 堆土距沟槽边缘不小于0.8m，且高度不应超过1.5m； 3. 人工开挖沟槽深超过 3m 时，应分层开挖，每层的深度不超过 2m）	全数检查	全数检查 （当槽底土层进行地基处理时，应挖除全部杂填土、腐殖性土）		
11.30		地基处理	载荷试验、压实系数等（按设计要求）	按设计要求	现场检测		

序号	名 称	检验项目	检验数量（频次）	取样（检验）方法	检验性质	备 注
11.30	土石方工程（备注2）地基处理	原状地基土 （1. 槽底局部超挖或发生扰动时，处理方法如下： 1）超挖深度不超过150mm时，可用挖槽原土回填夯实，其压实度不应低于地基土的密实度； 2）超挖深度超过150mm时，宜填级配砂石； 2. 排水不良造成地扰动时，处理方法如下： 1）扰动深度在100mm以内时，宜填天然级配碎石； 2）扰动深度在300mm以内，且下部坚硬时，宜填卵石或块石，再用砾石填充空隙并找平表面）	全数检查	现场检查 （岩石地基局部超挖时，应将基底碎渣全部清理，并用低强度等级混凝土或粒径为10~15mm的砂石回填夯实）	检验	7. 不能承受一定量的轴向线性变位和相对角变位的管道接口，如用水泥类材料密封和法兰连接的管道接口 8. 能承受一定量的轴向线性变位和相对角变位的管道接口，如用橡胶圈等材料密封连接的管道接口 9. 化学建材管指玻璃纤维管(玻璃钢管)、硬聚氯乙烯管(UPVC)，聚氯乙烯管（PE）、聚丙烯管（PP）及其钢塑复合管的统称
11.31	沟槽回填（备注3、4）	回填材料物理性能（包括砂、砂砾、石粉等）	条件相同的回填材料，每铺筑1000m²，应抽检1次，每次至少做两组测试，回填材料条件变化或来源变化时，应分别取样检测	按相应检验标准规定取样	复验	
		回填土压实度（应符合设计要求，且符合《规范》表4.6.3-1和表4.6.3-2的规定）	两井之间或1000m²，每层（≤300mm）每侧抽检1组（每组3点）	现场检测		
		刚性管道沟槽回填 （1. 回填压实应逐层进行，且不得损伤管道； 2. 管道两侧和管顶以上500mm范围内胸腔夯实，应采用轻型压实机具，管道两侧压实面的高差不应超过300mm； 3. 不得带水回填）	全数检查	现场检查	检验	

序号	名 称		检验项目	检验数量（频次）	取样（检验）方法	检验性质	备 注
11.31	土石方工程（备注2）	沟槽回填（备注3、4）	柔性管道沟槽回填 （1. 管内径大于800mm的柔性管道，回填施工时应在管内设有竖向支撑； 2. 管基有效支承角范围应采用中粗砂填充密实，与管壁紧密接触，不得用土或其他材料填充； 3. 管道半径以下回填时应采用防止管道上浮、位移的措施； 4. 不得带水回填）	全数检查	现场检查 （1. 沟槽回填从管底基础部位开始到管顶以上500mm范围内，必须人工回填； 2. 管道位于行车道下，沟槽回填面先用中、粗砂将管底腋角部位填充密实后，再用中、粗砂分层回填到管顶以上500mm）	检 验	
			柔性管道变形率 （应在12~24h内测量并记录管道变形率，管道变形率应符合设计要求，且钢管或球墨铸铁管管道变形率应不超过2%，化学建材管道变形率不超过3%）	试验段（或初始50m）不少于3处，每100m正常作业段（取起点、中间点、终点近处各一点），每处平行测量3个断面，取其平均值	现场检查 （1. 当钢管或球墨铸铁管道变形超过2%，但不超过3%，化学管材管道变形率超过3%，但不超过5%时，应采取处理措施； 2. 钢管或球墨铸铁管的变形率超过3%，且化学建材管道变形率超过5%时，应挖出管道，会同设计单位研究处理）		
11.32	开槽施工管道主体结构（备注5）	管道基础	砂石垫层厚度 （1. 原状地基为岩石或坚硬土层时，管道下方应铺设砂垫层，其厚度≥200mm； 2. 柔性管道的基础设计无要求时，宜铺设厚度≥100mm的中粗砂垫层；软土地基宜铺垫一层厚度≥150mm的砂砾或粒径5~40mm的碎石，其表面再铺厚度≥50mm的中、粗砂垫层； 3. 柔性接口的刚性管道，设计无要求时一般土质地段可铺设砂垫层，垫层厚度≥150~250mm）	全数检查	现场检查		

序号	名 称		检验项目	检验数量（频次）	取样（检验）方法	检验性质	备 注
11.32	开槽施工管道主体结构（备注5）	管道基础	砂石垫层压实度	两井之间或 1000 m²，每层（≤300mm）每侧抽检1组（每组3点）	现场检测	复验	10. 化学管材熔焊连接包括热熔连接和电熔连接： 1）热熔连接指采用加热工具加热连接部位，使其熔融后，施压连接成一体的连接方式； 2）电熔连接指采用内埋电阻丝的专用电熔管件，通过专用设备，控制通过内埋于管件中的电阻丝的电压、电流及通电时间，使电热丝发出一定的热量，加热管材和管件的连接面，进而达到熔接目的的连接方法；电熔连接方式有电熔承插连接和电熔鞍形连接
			混凝土抗压强度	每浇筑 100 m³（或检验批）同配合比混凝土，留置试件应不少于1组，当同配合比混凝土一次连续浇筑超过1000 m³ 时，每200m³留置1组试件	3块×150×150×150(mm)/组（标准试块）	复验	
11.33		钢管道（备注6）管道焊接连接	接口焊缝坡口（管节组对焊接时应先修口、清根，管端端面的坡口角度、钝边、间隙，应符合设计要求，且符合《规范》表5.3.7的规定）	全数检查	现场检查	检验	
			焊口错边（对口时应使内壁齐平，错口的允许偏差应为壁厚的20%,且不得大于2 mm）	全数检查	现场检查		
			焊缝外观质量（应符合《规范》表5.3.2-1的规定）	全数检查	现场检查		
			焊缝无损探伤（无损探伤检测方法应按设计要求选用）	无损检测取样数量与质量要求应按设计要求执行，设计无要求时，压力管道的取样数量应不小于焊缝量的10%	现场检测（不合格的焊缝应返修，返修次数不得超过3次）	复验	

序号	名 称		检验项目	检验数量（频次）	取样（检验）方法	检验性质	备 注
11.33	开槽施工管道主体结构（备注5）	钢管道（备注6）	管道法兰连接	法兰安装（1.法兰接口的法兰应与管道同心，螺栓自由穿入；2.高强度螺栓的终拧扭矩应符合设计要求）	全数检查	现场检查（高强度螺栓进场检验详见第四章"钢结构工程"的相关规定）	检验	
			管道内防腐层	水泥砂浆抗压强度	同配合比砂浆留置试件应不少于3组	3块×70.7×70.7×70.7(mm)/组（水泥砂浆内防腐层的抗压强度应符合设计要求，且不低于30MPa）	复验	
				液体环氧涂料（表面应平整、光滑、无气泡、无划痕等，湿膜应无流淌现象）	全数检查	现场检查		
			管道外防腐层	外观质量（钢管表面除锈质量应符合设计要求）	全数检查	现场检查	检验	
				厚度	每20根1组，每组抽检1根，测管两端和中间共3个截面，每截面测互相垂直的4点	现场检测（用测量仪测量）		
				电火花试验	全数检查	现场试验（用电火花检漏仪逐根连续测量）		
				粘结力	每20根1组，每组抽检1根，每根抽检一次	现场检测（按《规范》表5.4.9的规定，用小刀切割观察）		

序号	名　称		检验项目	检验数量（频次）	取样（检验）方法	检验性质	备　注
11.34	开槽施工管道主体结构（备注5）	球墨铸铁管	管节及管件	外观质量 （1. 管节及管件表面不得有裂纹，不得有妨碍使用的凹凸不平的缺陷； 2. 采用橡胶圈的柔性接口的球墨铸铁管，承口的内工作面和插口的外工作面应光滑、轮廓清晰，不得有影响接口密封性的缺陷）	全数检查	现场检查	检验	11. 不开槽施工管道主体结构适用于采用顶管、盾构、浅埋暗挖、地表式水平定向钻及夯管等方法进行不开槽施工的室外给排水管道工程
			承、插、接口连接	承插接口安装 （两管节中轴线应保持同心，承口、插口部位无破损、变形、开裂；插口推入深度应符合要求）	全数检查	现场检查		
			法兰接口连接	法兰安装 （插口与承口法兰压盖的纵向轴线应一致，连接螺栓终拧扭矩应符合设计或产品使用说明要求；接口连接后，连接部位及连接件应无变形、破损）	全数检查	现场检查		
			橡胶圈	橡胶圈安装 （位置应准确，不得扭曲、外露；沿圆圈各点应与承口端面等距，其允许偏差应为±3mm）	全数检查	现场检查		
11.35		钢筋混凝土（预应力）管	刚性接口（备注7）	水泥砂浆抗压强度	同配合比砂浆留置试件应不少于3组	3块×70.7×70.7×70.7(mm)/组	复验	
				混凝土抗压强度	同配合比混凝土留置试件应不少于3组	3块×100×100×100(mm)/组		
			柔性接口（备注8）	橡胶圈安置 （1. 位置正确，无扭曲、外露现象；承口、插口无破损、开裂； 2. 双道橡胶圈的单口水压试验合格）	全数检查	现场检查	检验	

序号	名 称			检验项目	检验数量（频次）	取样（检验）方法	检验性质	备 注
11.36	开槽施工管道主体结构（备注5）	化学建材管（备注9）	承插套筒式连接	承插、套筒安装 （1.承口、插口部位及套筒连接紧密，无破损、变形、开裂等现象； 2.插入后胶圈应位置正确，无扭曲等现象； 3.双道橡胶圈的单口水压试验合格）	全数检查	现场检查	检验	
			热熔和电熔连接（备注10）	焊缝外观质量 （1.焊缝应完整，无缺损和变形现象；焊缝连接应紧密,无气孔、鼓泡和裂缝；电熔连接的电阻丝不裸露； 2.热熔对接连接后应形成凸缘，且凸缘形状大小均匀一致，无气孔、鼓泡和裂缝；接头处有沿管节圆周平滑对称的外翻边，外翻边最低处的深度不低于管节外表面；管壁内翻边应铲平；对接错边量不大于管材壁厚的10%，且不大于3mm）	全数检查	现场检查		
				接头现场破坏性检验或翻边切除检验 （可任选一种）	现场破坏性检验：每50个接头不少于1个；现场翻边切除检验：每50个接头不少于3个（单位工程中接头数量不足50个时，仅做熔焊焊缝焊接力学性能试验，可不做现场检验）	现场检验		
				接头力学性能	每200个接头，抽检不少于1组	按相应检验标准规定取样	复验	
			卡箍、法兰、钢塑过渡接头连接	连接安装 （连接件应齐全、位置正确、安装牢固、连接部位无扭曲、变形）	全数检查	现场检查	检验	

序号	名　称			检验项目	检验数量（频次）	取样（检验）方法	检验性质	备　注
11.37	开槽施工管道主体结构（备注5）	管道铺设		阀门安装（压力管道上的阀门，安装前应逐个进行启闭检验）	全数检查	现场检查	检验	12.顶管管道是借助于顶推装置，将预制管节顶入土中的地下管道，是不开槽的施工方法；顶管施工应根据工程具体情况采用下列技术措施：1）一次顶进距离大于100m时，应采用中继间技术；2）在砂砾层或卵石层顶管时，应采取管外表面熔蜡、触变泥浆技术等减少顶进阻力和稳定周围土体的措施；3）长距离顶管应采用激光定向等测量控制技术
				管道埋设（1. 管道埋设深度、轴线位置应符合设计要求，无压力管道严禁倒坡；2. 刚性管道无结构贯通裂缝和明显缺损情况；3. 柔性管道的管壁不得出现纵向隆起、环向扁平和其他变形的情况；4. 管道铺设安装必须稳固，管道安装后应线形平直）	全数检查	现场检查		
11.38		管渠	现浇混凝土结构	混凝土抗压强度	每浇筑100 m³（或检验批）同配合比混凝土，留置试件应不少于1组，当同配合比混凝土一次连续浇筑超过1000 m³时，每200m³留置1组试件	3 块 × 150 × 150 × 150(mm)/组（标准试块）	复验	
				混凝土抗渗等级	每渠（涵）按底板、侧壁和顶板等部位，每一部位浇筑500 m³（或检验批）同配合比的混凝土，留置试件应不少于1组；当同一部位同配合比混凝土连续浇筑超过 2000 m³时，每1000m³留置1组试件	6 块 × 175（上口直径）×185（下口直径）× 150（高）(mm)/组		
			砌体结构	水泥砂浆抗压强度	每50 m³砌体（或检验批）的同配合比砂浆，留置试件应不少于1组	3 块×70.7 × 70.7×70.7 (mm)/组		

序号	名 称	检验项目	检验数量（频次）	取样（检验）方法	检验性质	备 注
11.39	工作井（竖井、始发井、接受井） 不开槽施工管道主体结构（备注11）	结构无滴漏和线流现象（1. 滴漏：悬挂在混凝土内侧壁的渗漏水用短棒引流并悬挂在其底部的水珠，其滴落速度每分钟至少1滴；渗漏水用棉纱不易拭干，且短时间内可明显观察到擦拭部位有水渗出和集聚的变化；2. 线流：指渗漏水呈线流、流淌或喷水状态）	全数检查	现场检查（按《规范》附录F.0.3条的规定逐座进行检查）	检验	
		混凝土抗压强度	每根灌注桩、每幅地下连续墙的混凝土为一个验收批，留置抗压强度、抗渗试块各1组；沉井及其他现浇结构的同一配合比混凝土，每工作班且每浇筑100 m³为一个验收批，抗压强度试块留置不应少于1组；每浇筑500 m³混凝土抗渗试块留置不应少于1组	3块×150×150×150(mm)/组（标准试块）	复验	
		混凝土抗渗等级		6块×175（上口直径）×185（下口直径）×150（高）(mm)/组		
11.40	顶管管道（备注12）	管节（1. 管节的规格及其接口连接形式应符合设计要求；2. 钢筋混凝土成品质量应符合国家规定标准的要求，管节及接口的抗渗性能应符合设计要求）	全数检查（注：钢筋混凝土成品质量标准：《混凝土和钢筋混凝土排水管》GB/T 11836、《顶进施工法用钢筋混凝土排水管》JC/T640）	现场检查	检验	
		接口橡胶圈安装位置正确，无位移、脱落现象；钢管的接口焊接质量及焊缝无损探伤检验应符合设计要求	全数检查	现场检查		
		无压管道的管底坡度无明显反坡现象，曲线顶管的实际曲率半径符合设计要求	全数检查	现场检查		
		管道接口端部应无破损、顶裂现象，接口处无滴漏	全数检查	现场检查		

序号	名　称	检验项目		检验数量（频次）	取样（检验）方法	检验性质	备　注
11.41	不开槽施工管道主体结构（备注11）	定向钻施工管道（备注13）	管节组对拼接、钢管外防腐层的质量检验合格	全数检查	现场检查	检验或复验	13. 定向钻施工管道指利用水平钻孔机钻进小口径的导向孔，然后用回扩钻头扩大钻孔，同时将管道拉入孔内的不开槽施工方法
			钢管接口焊接、聚乙烯管接口熔焊检验应符合设计要求	全数检查	现场检测		
			管道预水压试验（组对拼装后管道(段)预水压试验应按设计要求进行，设计无要求时，试验压力应为工作压力的2倍，且不得小于 1.0MPa，试验压力达到规定值后保持恒压 10min，不得有降压和渗水现象）	全数检查	现场试验		14. 浅埋暗挖法：利用土层在开挖过程中短时间的自稳能力，采取适当的支护措施，使围岩或土层表面形成密贴型薄壁支护结构的不开槽施工方法
			管段回拖后的线形应平顺、无突变、变形现象，实际曲率半径应符合设计要求	全数检查	现场检查		
11.42		浅埋暗挖管道（备注14）	锚杆（备注15）	抗拔承载力基本试验	按设计要求，且试验数量不应少于3根（试验采用的地质条件、杆体材料、锚杆参数和施工工艺应与工程锚杆相同）	现场检测	复验
				抗拔承载力验收试验	同批、同类型锚杆每100根为1组，每组3根（检测结果不符合设计要求时，应按不满足要求的数量加倍扩大抽检）	现场检测	
				浆体抗压强度	每灌注30根锚杆(或检验批)同配合比浆体，留置试件应不少于1组	6块×70.7×70.7×70.7 (mm)/组	

序号	名称	检验项目	检验数量（频次）	取样（检验）方法	检验性质	备注
11.42	不开槽施工管道主体结构（备注11）浅埋暗挖管道(备注14)	初期衬砌喷射混凝土 混凝土抗压强度	同一配合比，管道拱部和侧墙每20m混凝土为一验收批，留置试块1组	3块×100×100×100(mm)/组	复验	15. 此处的锚杆指喷锚支护工程中的锚杆，不包含辅助施工措施的超前锚杆、超前钢管、小导管预注浆等
		初期衬砌喷射混凝土 混凝土抗渗等级	同一配合比，每40m管道混凝土为一验收批，留置试块1组	6块×175（上口直径）×185（下口直径）×150（高）(mm)/组	复验	16. 给排水管道工程中的管道附属构筑物包括各类井室、支墩、雨水口工程等
		初期衬砌喷射混凝土 喷射厚度（钻芯法）	每20m管道检查一个断面，每断面以拱部中线开始，每隔2~3m设一个点，拱部不应少于3个点，总计不应少于5个点	现场检测（60%以上检查点厚度≥设计厚度，其余点处的最小厚度≥0.5倍的设计厚度；厚度总平均值≥设计厚度）	检验	
		二次衬砌混凝土 混凝土抗压强度	1. 同一配合比，每浇筑一次垫层混凝土为一验收批，留置试块各1组； 2. 同一配合比，每浇筑30m管道混凝土为一验收批，留置试块2组	3块×100×100×100(mm)/组	复验	
		二次衬砌混凝土 混凝土抗渗等级	同一配合比，每浇筑30m管道混凝土为一验收批，留置试块1组	6块×175（上口直径）×185（下口直径）×150（高）(mm)/组		

序号	名　称	检验项目	检验数量（频次）	取样（检验）方法	检验性质	备注
11.43	管道附属构筑物（备注16）　井室、支墩、雨水口	井室砌筑结构应铺浆饱满、灰缝平直、不得有通缝、瞎缝；预制装配式结构应坐浆、灌浆饱满密实、无裂缝；混凝土结构无严重质量缺陷；井室无渗水、水珠现象	全数检查	现场检查	检验	17. 给排水管道安装完成后进行的管道功能性试验主要包括压力管道水压试验、无压力管道严密性试验、无压力管道闭水试验或闭气试验：1）压力管道水压试验是以水为介质，对已敷设的压力管道采用满水后加压的方法来检验规定压力值时管道是否发生结构破坏以及是否符合规定的允许渗水量(或允许压力降)标准的试验；2）无压管道闭水试验是以水为介质对已敷设重力流管道(渠)所做的严密性试验；
		雨水口位置正确，深度应符合设计要求	全数检查	现场检查		
		支墩地基承载力、位置应符合设计要求；支墩应无位移、沉降	全数检查	现场检查		
		水泥砂浆抗压强度	每 50m³ 砌体（或检验批）的同配合比砂浆，留置试件应不少于 1 组	3 块×70.7×70.7×70.7(mm)/组	复验	
		混凝土抗压强度	每浇筑一个台班的同配合比混凝土，留置试件应不少于 1 组	3 块×150×150×150(mm)/组（标准试块）		
11.44	管道功能性试验（备注17）　无压力管道	闭水试验 [无压力管道（工作压力<0.10MPa）闭水试验应符合下列规定：1.试验段上游设计水头不超过管顶内壁时，试验水头应以试验段上游管顶内壁加 2m 计；2.试验段上游设计水头超过管顶内壁时，试验水头应以试验段上游设计水头加 2m 计；3.计算出的试验水头小于 10m，但已超过上游检查井井口时，试验水头应以上游检查井井口高度为准；4.管道闭水试验应按本《规范》附录 D(闭水法试验)进行；5.管道闭水试验时，应进行外观检查，不得有漏水现象，且实测渗水量（q）应小于或等于《规范》第 9.3.5 节的相关规定]	全数检验	现场试验（1. 无压力管道的闭水试验，条件允许时可一次试验不超过 5 个连续井段；2. 单口水压试验合格的大口径球墨铸铁管、玻璃钢管、预应力混凝土管等管道，可认同为严密性试验合格，无需进行闭水或闭气试验。3. 设计无要求时，应根据实际情况选择闭水试验或闭气试验进行管道严密性试验，当选择闭气试验时，详见《规范》第 9.4.3 节的相关规定）	检验	

序号	名　称	检验项目	检验数量（频次）	取样（检验）方法	检验性质	备　注
11.45	管道功能性试验（备注17）	压力管道	水压试验 [水压试验（工作压力≥0.10MPa）应符合下列规定： 1. 试验压力（P 工作压力 MPa）： 1）钢管：$P+0.5$，且不小于 0.9； 2）球墨铸铁管：$2P$（$P≤0.5$）或 $P+0.5$（$P>0.5$）； 3）预应力混凝土管：$1.5P$（$P≤0.6$）或 $P+0.3$（$P>0.6$）； 4）现浇钢筋混凝土管渠：$1.5P$（$P≥0.1$）； 5）化学建材管：$1.5P$（$P≥0.1$），且不小于 0.8； 2. 预试验阶段：将管道内水压缓缓地升至试验压力并稳压 30min，期间如有压力下降可注水补压，但不得高于试验压力；检查管道接口、配件等处有无漏水、损坏现象；有漏水、损坏现象时应及时停止试压，查明原因并采取相应措施后重新试压； 3. 主试验阶段：停止注水补压，稳定 15min；当 15min 后压力下降不超过《规范》表 9.2.10-2 中所列允许压力下降数值时，将试验压力降至工作压力并保持恒压 30min，进行外观检查，若无漏水现象，则水压试验合格；压力管道采用允许渗水量进行最终合格判定依据时，实测渗水量应小于或等于《规范》表 9.2.11 的规定； 4. 聚乙烯管、聚丙烯管及其复合管的水压试验除应符合上述规定外，其预试验、主试验阶段应符合《规范》第 9.2.12 节的规定； 5. 大口径球墨铸铁管、玻璃钢管及预应力钢筒混凝土管道的接口单口水压试验应符合《规范》第 9.2.13 节的相关规定]	全数检验	现场试验 （1. 压力管道水压试验进行实际渗水量测定时，宜采用《规范》附录 C 注水法； 2. 单口水压试验合格的大口径球墨铸铁管、玻璃钢管、预应力混凝土管等管道，设计无要求时，压力管道无需进行预试验阶段，而直接进行主试验阶段； 3. 管道采用两种(或两种以上)管材时，宜按不同管材分别进行试验；若不具备分别试验的条件，必须组合试验，且设计无具体要求时，应采用不同管材的管段中试验控制最严格的标准进行试验； 4. 压力管道水压试验的管段长度不宜大于 1.0km； 5. 试验管段不得用闸阀做堵板，不得含有消火栓、水锤消除器、安全阀等附件）	检验	3）无压管道闭气试验是以气体为介质对已敷设管道所做的严密性试验； 4）给水管道必须水压试验合格，并网运行前进行冲洗与消毒，经检验水质达到标准后，方可允许并网通水投入运行； 5）污水、雨污水合流管道及湿陷土、膨胀土、流砂地区的雨水管道，必须经严密性试验合格后方可投入运行

第十二章　城镇燃气工程

序号	名 称	检验项目	检验数量（频次）	取样（检验）方法	检验性质	备 注
12.1	聚乙烯管	1. 管材项目：静液压强度、热稳定性、断裂伸长率； 2. 管件项目：静液压强度、热熔对接的拉伸强度或电熔管件的熔接强度	同厂家、同品种、同规格的产品，抽检不少于1次	按相应检验标准规定取样	复验	1. 燃气工程材料、设备验收应符合下列规定： 1）未列入本章的管材均应按相应检验标准的规定取样复验； 2）国家规定实行生产许可证、计量器具许可证或特殊认证的产品[包括家用燃气灶具、家用燃气快速热水器、燃气调压器（箱）、防爆电气、压力仪表、燃气表、易燃易爆气体检测（报警）仪等]，产品生产单位必须提供相关证明文件，施工单位必须在安装使用前查验相关的文件，不符合要求的产品不得安装使用； 3）工程所用的管道组成件(包括管材、管件、法兰、垫片、紧固件、阀门、挠性接头、耐压软管及过滤器等)、设备及有关的规格、性能等应符合国家现行有关标准及设计文件的规定，并应有出厂合格文件（包括合格证、质量证明书，有些产品应有相关性能的检测报告、型式检
12.2	钢丝网（焊接）骨架、聚乙烯复合管					
12.3	钢丝网（缠绕）骨架、聚乙烯复合管					
12.4	孔网钢带聚乙烯复合管					
12.5	主要材料、设备（备注1） 铝塑复合管	物理、力学性能	同厂家、同品种、同规格的产品，抽检不少于1次	按相应检验标准规定取样		
12.6	无缝钢管、焊接钢管（含不锈钢）	物理、力学性能	同厂家、同品种、同规格的产品，抽检不少于1次	按相应检验标准规定取样		
12.7	镀锌钢管	物理、力学性能		按相应检验标准规定取样		
12.8	铜管	物理、力学性能	同厂家、同品种、同规格的产品，抽检不少于1次	按相应检验标准规定取样		
12.9	管道及阀门的连接管件和附件	物理、力学性能	同厂家、同品种、同规格的产品，抽检不少于1次	按相应检验标准规定取样	检验或复验	
12.10	燃气阀门	物理性能	同厂家、同品种、同型号的产品，抽检不少于1次	按相应检验标准规定取样		
12.11	燃气用垫片	物理、力学性能	同厂家、同品种、同规格的产品，抽检不少于1次	按相应检验标准规定取样		
12.12	燃气用连接软管	物理、力学性能	同厂家、同品种、同规格的产品，抽检不少于1次	按相应检验标准规定取样		

序号	名 称		检验项目	检验数量（频次）	取样（检验）方法	检验性质	备 注
12.13	土方工程（备注2）	局部超挖回填土	密实度	每 100m，每层（≤300mm）抽检不少于3点	现场检测	复验	验报告等，对进口产品应有中文说明书，按国家规定需对进口产品进行检验的，还应有国家商检部门出具的检验报告）；燃具、用气设备和计量装置等必须选用经国家主管部门认可的检测机构检测合格的产品，不合格不得选用； 4）工程采用的材料、设备进场时，除本章所列复验项目外，以外观检查和检验质量合格文件为主；当对产品的质量或产品合格文件有疑义或不能提供有效期（两年内）产品检测报告时，应在监理（建设）单位人员的见证下，按产品检验标准分类抽样检验； 5）路面恢复工程所采用材料复验同第十章"城镇道路工程"的相关规定 2.土方工程施工应符合下列规定： 1）在沿车道、人行道施工时，应在管沟沿线设置安全护栏，并应设置明显的警示标志；在施工路段沿线，应设置夜间警示灯； 2）局部超挖部分应回填压实，当沟底无地下水时，超挖
12.14		沟槽回填土	密实度	每 60m，每层（≤300mm）、每侧抽检不少于1点	现场检测	
12.15		路面恢复	路基、基层及面层	同第十章"城镇道路工程"	同第十章"城镇道路工程"		
12.16	城镇燃气输配工程	钢质管道防腐（备注3）	管材管件（防腐前）	弯曲度和椭圆度（钢管弯曲度应小于钢管长度的0.2%，椭圆度应小于或等于钢管外径的0.2%）	全数检查	现场检查	检验
				外观质量（1.焊缝表面应无裂纹、夹渣、重皮、表面气孔等缺陷；2.管材表面局部凹凸应小于2mm；3.管材表面应无斑疤、重皮和严重锈蚀等缺陷）	全数检查	现场检查（除锈后进行）	
12.17		防腐材料	物理性能	同厂家、同品种、同规格的产品，抽检不少于1次	按相应检验标准规定取样	复验
12.18		防腐层	外观质量	全数检查	现场检查	
			电火花检漏			
12.19		埋地钢管安装	管道焊接（备注4）	焊缝外观质量（1.焊缝系数为1的焊缝或设计要求100%内部质量检验的焊缝，其外观质量不得低于现行国家标准《现场设备、工业管道焊接工程施工及验收规范》GB 50236要求的Ⅱ级质量要求；2.对内部质量进行抽检的焊缝，其外观质量不得低于现行国家标准《现场设备、工业管道焊接工程施工及验收规范》GB 50236要求的Ⅲ级质量要求）	全数检查	现场检查	检验

序号	名　称		检验项目	检验数量（频次）	取样（检验）方法	检验性质	备　注
12.20	城镇燃气输配工程	埋地钢管安装	焊缝内部质量（一） （焊缝系数为 1 的焊缝或设计要求 100%内部质量检验的焊缝： 1. 射线照相检验不得低于现行国家标准《钢管环缝熔化焊对接接头射线透照工艺和质量分级》GB/T 12605 中的Ⅱ级质量要求； 2. 超声波检验不得低于现行国家标准《钢焊缝手工超声波探伤方法和探伤结果分级》GB 11345 中的Ⅰ级质量要求； 3. 当采用 100%射线照相或超声波检测方法时，还应按设计的要求进行超声波或射线照相复查）	全数检查	现场检测	复 验	在 0.15m 以内，可采用原土回填；超挖在 0.15m 及以上及当沟底有地下水或含水量较大时，应采用级配砂石或天然砂回填至设计标高；超挖部分回填后应压实，其密实度应符合设计要求； 3）沟槽回填时，应先回填管底局部悬空部位，再回填管道两侧；回填土应分层压实，每层虚铺厚度宜为 0.2～0.3m，管道两侧及管顶以上 0.5m 内的回填土必须采用人工压实，管顶 0.5m 以上的回填土可采用小型机械压实；每层密实度应符合设计要求； 4）沥青路面和混凝土路面的恢复，应由具备专业施工资质的单位施工，回填路面的基础和修复路面材料的性能不应低于原基础和路面材料 3. 钢质管道及管件的防腐施工应符合下列规定： 1）管材防腐宜统一在防腐车间（场、站）进行； 2）各种防腐材料的防腐施工及验收要求，应符合下列国家现行标准的规定：
12.21			焊缝内部质量（二） （对内部质量进行抽检的焊缝： 1. 射线照相检测检验不得低于现行国家标准《钢管环缝熔化焊对接接头射线透照工艺和质量分级》GB/T 12605 中的Ⅲ级质量要求； 2. 超声波检验不得低于现行国家标准《钢焊缝手工超声波探伤方法和探伤结果分级》GB 11345 中的Ⅱ级质量要求）	应按设计规定执行，当设计无明确规定时，抽查数量不应少于焊缝数量的 15%，且每个焊工不得少于一个焊缝	现场检测（抽查时，应侧重抽查固定焊口）		

序号	名 称			检验项目	检验数量（频次）	取样（检验）方法	检验性质	备 注
12.22	埋地钢管安装			管道法兰连接（压力≥1.6MPa）	高强螺栓、螺母的硬度和高强螺栓的机械性能	1. 螺栓、螺母应每批各取2个进行硬度检查，若有不合格，应加倍检查；如仍有不合格，则应逐个检查，不合格者不得使用； 2. 硬度不合格的螺栓应取该批中硬度最高、最低的螺栓各1个，校验其机械性能，若不合格，再取其硬度最接近的螺栓加倍校验，如仍不合格，则该批螺栓不得使用。	按相应检验标准规定取样	复验	①《城镇燃气埋地钢质管道腐蚀控制技术规程》CJJ 95；②《埋地钢质管道石油沥青防腐层技术标准》SY/T 0420；③《埋地钢质管道环氧煤沥青防腐层技术标准》SY/T 0447；④《埋地钢质管道聚乙烯胶粘带防腐层技术标准》SY/T 0414；⑤《埋地钢质管道煤焦油瓷漆外防腐层技术标准》SY/T 0379；
12.23	城镇燃气输配工程	聚乙烯和钢骨架聚乙烯复合管安装（备注5）	热熔连接（备注6）	热熔对接焊接外观质量 / 接头翻边对称性检验（接头应具有沿管材整个圆周平滑对称的翻边，翻边最低处的深度不应低于管材表面）	全数检查	现场检验（1. 每出现一道不合格焊缝，则应加倍抽检该焊工所焊的同一批焊缝；2. 如第二次抽检仍出现不合格焊缝，则应对该焊工所焊的同批焊缝进行检验）	检验	3）防腐层未实干的管道，不得回填；4）补口、补伤、设备、管件及管道套管的防腐等级不得低于管体的防腐层等级 4. 燃气输配工程钢质管道、设备焊接应符合下列规定： 1）管道焊接应按现行国家规范《工业金属管道工程施工及验收规范》GB 50235和《现场设备、工业管道焊接工程施工及验收规范》GB 50236的有关规定执行； 2）承担燃气钢质管道、设备焊接的人员，必须具有锅炉压力容器压力管道特种设备操作人员
				接头对正性检验（焊接两侧紧邻翻边的外圆周的任何一处错边量不应超过管材壁厚的10%）	全数检查			
				接头翻边切除检验（1. 翻边应是实心圆滑的，根部较宽；2. 翻边下侧不应有杂质、小孔、扭曲和损坏；3. 每隔50mm进行180°的背弯试验，不应有开裂、裂缝，接缝处不得露出熔合线）	抽检不少于接头总数的10%（顶管施工为100%）			
				热熔对接焊接内部质量 / 接头拉伸性能	1. 工艺检验：同类型接头不少于1组；2. 现场检验：每200个接头不少于1组	按相应检验标准规定取样	复检	

序号	名　称			检验项目	检验数量（频次）	取样（检验）方法	检验性质	备　注
12.24	城镇燃气输配工程	聚乙烯和钢骨架聚乙烯复合管安装（备注5）	电熔连接（备注7）	电熔焊接外观质量	现行国家标准《聚乙烯燃气管道工程技术规程》CJJ63第5.3.6条的规定内容	全数检查	现场检查	检验	资格证（焊接）焊工合格证书，且在证书的有效期及合格范围内从事焊接工作； 3）管道开孔边缘与焊缝的间距不应小于100mm，当无法避开时，应以开孔中心为圆心，1.5倍开孔直径为半径，将圆中包容的全部焊缝进行100%射线照相检测； 4）对穿越或跨越铁路、公路、河流、桥梁、有轨电车及敷设在套管内的管道环向焊缝，必须进行100%的射线照相检验； 5）内部质量无损抽样检测出现不合格焊缝时，对不合格焊缝返修后，应按下列规定扩大检验： ①每出现一道不合格焊缝，应再检验两道该焊工所焊的同一批焊缝，按原探伤方法进行检验；②当第二次抽检仍出现不合格焊缝，则应对该焊工所焊全部同一批焊缝按原探伤方法进行检验，对出现的不合格焊缝必须进行返修，并应对返修的焊缝按原检验方法进行检验；
				电熔承插焊接内部质量	电熔管件剖面检验	1. 工艺检验：同类型接头不少于1组； 2. 现场检验：每200个接头不少于1组	按相应检验标准规定取样	复检	
					接头挤压剥离试验（DN<90）				
					接头拉伸剥离试验（DN≥90）				
				电熔鞍形焊接内部质量	接头挤压剥离试验（DN≤225）	1. 工艺检验：同类型接头不少于1组； 2. 现场检验：每200个接头不少于1组	按相应检验标准规定取样		
					接头撕裂剥离试验（DN>225）				
12.25		管道附件与设备安装		阀门	强度和严密性试验	全数检查	现场试验	检验	
				凝水缸	强度和严密性试验	全数检查	现场试验		
				补偿器	补偿器强度和严密性试验[安装前应按设计要求进行预拉伸（压缩）]	全数检查	现场试验		
				绝缘法兰	法兰绝缘试验（其绝缘电阻不应小于1MΩ；相对湿度大于60%时，其绝缘电阻不应小于500kΩ）	全数检查	现场试验		

序号	名 称		检验项目	检验数量（频次）	取样（检验）方法	检验性质	备 注
12.26	城镇燃气输配工程	燃气场站（备注8）	钢管道及设备焊接（备注4）	焊缝外观质量（应符合国家现行标准《承压设备无损检测》JB/T 4730 中的Ⅱ级质量要求）	全数检查	现场检查	检验	③同一焊缝的返修次数不应超过2次 5. 直径在90mm以上的聚乙烯燃气管材、管件连接可采用热熔对接连接或电熔连接；直径小于90mm的管材及管件宜使用电熔连接；聚乙烯燃气管道和其他材质的管道、阀门、管路附件等连接应采用法兰或钢塑过渡接头连接；对于不同级别、不同熔体流动速率聚乙烯原料制造的管材或管件，不同标准尺寸比（SDR 值）的聚乙烯燃气管道连接时，必须采用电熔连接；施工前应进行试验，判定试验连接质量合格后，方可进行电熔连接 6. 热熔连接是一种以专用加热工具加热连接部位，在其熔融后，施压连成一体的连接方式；热熔连接的方式有热熔对接连接、热熔承插连接和热熔鞍形连接；由于热熔承插连接和热熔鞍形连接方法的质量不易控制，且接头处的残余应力较大，在燃气工程中不允许使用
				管道对接焊缝内部质量（采用射线照相探伤，应符合国家现行标准《承压设备无损检测》JB/T 4730 中的Ⅱ级质量要求）	抽检数量为对接焊缝总数的25%	现场检测	复验	
				管道与设备、阀门、仪器等连接的角焊缝内部质量（采用磁粉或液体渗透检验，应符合国家现行标准《承压设备无损检测》JB/T 4730 中的Ⅱ级质量要求）	抽检数量为角焊缝总数的50%	现场检测		
		储罐		水压及严密性试验（1. 贮罐的水压试验压力应为设计压力的 1.25 倍，安全阀、液位计不应参与试验。试验时压力缓慢上升，达到规定压力后保持半小时，无泄漏、无可见变形、无异常声响为合格；2. 贮罐水压试验合格后，装上安全阀、液位计进行严密性试验）	全数检查	现场试验	检验	
12.27		管道安装验收试验（备注9）		管道吹扫（1. 管道内的调压器、阀门、孔板、过滤网、燃气表等设备不应参与吹扫，待吹扫合格后再安装复位；2. 吹扫压力不得大于管道的设计压力，且不应大于 0.3 MPa；3. 吹扫气体流速不宜小于 20 m/s；4. 每次吹扫管道的长度不宜超过 500 m）	全数检查	现场试验（可采用气体或清管球进行清扫）	验	

序号	名 称		检验项目	检验数量（频次）	取样（检验）方法	检验性质	备 注
12.27	城镇燃气输配工程	管道安装验收试验（备注9）	强度试验 （1. 管道应分段进行压力试验，试验管道分段最大长度宜按《规范》CJJ 33 表 12.3.2 执行； 2. 强度试验压力和介质应符合《规范》CJJ 33 表 12.3.5 的规定； 3. 进行强度试验时，压力应逐步缓升，首先升至试验压力的 50%，此时应进行初检，如无泄漏、异常，继续升至试验压力，宜稳压 1h，然后观察压力计不应少于 30min，无压力降为合格； 4. 水压试验时，试验段任何位置的管道环向应力不得大于管材标准屈服强度的 90%，试验应符合《液体石油管道压力试验》GB/T 16805 的相关规定）	全数检查	现场试验	检 验	7. 电熔连接指采用内埋电阻丝的专用电熔管件，通过专用设备，控制内埋于管件中的电阻丝电压、电流及通电时间，使电热丝发出一定的热量，加热管材和管件的连接面，进而达到熔接目的的连接方法；电熔连接方式有电熔承插连接和电熔鞍形连接 8. 燃气场站包括储配站、调压站、液化石油气气化站、混气站等 9. 燃气输配工程管道安装验收试验应符合下列规定： 1)管道安装完毕后应依次进行管道吹扫、强度试验和严密性试验； 2)燃气管道穿(跨)越大中型河流、铁路、二级以上公路、高速公路时，应单独进行试压； 3)在对聚乙烯管道或钢骨架聚乙烯复合管道吹扫及试验时，进气口应采取油水分离及冷却等措施，确保管道进气口气体干燥，且其温度不得高于40℃，排气口应采取防静电措施；
			严密性试验 （1. 设计压力小于 5 kPa 时，试验压力应为 20 kPa；设计压力大于或等于 5 kPa 时，试验压力应为设计压力的 1.15 倍，且不得小于 0.1 MPa； 2. 试压时的升压速度不宜过快，管内压力升至严密性试验压力后，应稳压 24h，每小时记录不少于 1 次，当修正压力降小于 133Pa 时为合格； 3. 所有未参加严密性试验的设备、仪表、管件，应在严密性试验合格后进行复位，然后按设计压力对系统升压，应采用发泡剂检查设备、仪表、管件及其与管道的连接处，不漏为合格）	全数检查	现场试验		
12.28	城镇燃气室内工程	引入管安装（备注10） 引入管焊接（备注12）	焊缝外观质量 （应符合国家现行标准《现场设备、工业管道焊接工程施工及验收规范》GB 50236 中的Ⅲ级质量要求）	全数检查	现场检查	复 验	
			焊缝内部质量 （无损检测采用射线照相探伤，应符合国家现行标准《无损检测金属管道熔化焊环向对接接头射线照相检测方法》GB/T 12605 中的Ⅲ级质量要求）	全数检查	现场检测		

序号	名　称		检验项目	检验数量（频次）	取样（检验）方法	检验性质	备　注
12.29	城镇燃气室内工程（备注11）	管道焊接(备注12)	焊缝外观质量（应符合国家现行标准《现场设备、工业管道焊接工程施工及验收规范》GB 50236 中的Ⅲ级质量要求）	全数检查	现场检查	检验	4）试验时所发现的缺陷，必须待试验压力降至大气压后进行处理，处理合格后应重新试验；5）管道安装试验及验收详见《城镇燃气输配工程施工及验收规范》CJJ 33 第12章的相关规定 10. 引入管指室外配气支管与用户室内燃气进口管总阀门（当无总阀门时，指距室内地面 1.0m 高处）之间的管道，含沿外墙敷设的燃气管道；在地下室、半地下室、设备层和地上密闭房间以及地下车库在地下室、半地下室、设备层和地上密闭房间以及地下车库安装燃气引入管道应符合设计文件的规定；当设计文件无明确要求时，应符合下列规定：1）引入管道应使用钢号为 10、20 的无缝钢管或具有同等及同等以上性能的其他金属管材；2）管道的敷设位置应便于检修，不得影响车辆的正常通行，且应避免被碰撞；
			焊缝内部质量（无损检测采用射线照相探伤，应符合国家现行标准《无损检测 金属管道熔化焊环向对接接头射线照相检测方法》GB/T 12605 中的Ⅲ级质量要求）	1. 当管道明设或暗封敷设时抽检不少于 5%，且不少于 1 个连接部位；2. 当管道暗埋敷设时，应 100%抽检；3. 在管道上开孔接支管时，当开孔边缘距管道环焊缝小于 100mm 时，应 100%抽检	现场检测	复验	
12.30		铜管道钎焊接(备注13)	焊缝外观质量（钎焊缝应圆滑过渡，钎焊缝表面应光滑，不得有较大焊瘤及铜管件边缘熔融等缺陷）	全数检查	现场检查		
12.31	室内燃气管道安装（备注11）	铝塑复合管连接	外观质量（1. 应使用专用刮刀将管口处的聚乙烯内层削坡口，坡角为 20°～30°，深度为 1.0～1.5 mm，且应用清洁的纸或布将坡口残屑擦干净；2. 连接时应将管口整圆，并修整管口毛刺，保证管口端面与管轴线垂直）	全数检查	现场检查	检验	
12.32		可燃气体检测报警器安装	与燃具或阀门的水平距离（1. 当燃气相对密度比空气轻时，水平距离应控制在 0.5～8.0m 范围内，安装高度应距屋顶 0.3m 之内，且不得安装于燃具的正上方；2. 当燃气相对密度比空气重时，水平距离应控制在 0.5～4.0m 范围内，安装高度应距地面 0.3m 以内）	全数检查	现场检查		

序号	名称	检验项目	检验数量（频次）	取样（检验）方法	检验性质	备注
12.33	室内燃气管道安装（备注11）	管道防雷设置 （1. 室内燃气管道严禁作为接地导体或电极； 2. 沿屋面或外墙明敷的室内燃气管道，不得布置在屋面上的檐角、屋檐、屋脊等易受雷击部位，当安装在建筑物的避雷保护范围内时，应每隔 25m 至少与避雷网采用直径不小于 8mm 的镀锌圆钢进行连接，焊接部位应采取防腐措施，管道任何部位的接地电阻值不得大于 10Ω；当安装在建筑物的避雷保护范围外时，应符合设计要求）	全数检查	现场检查		3）管道的连接必须采用焊接连接； 4）紧邻小区（甬道）和楼门过道处的地上引入管设置的安全保护措施应符合设计要求； 5）引入管防腐层的种类和防腐等级应符合设计文件要求 11. 室内燃气管道的连接方式应符合设计文件要求的规定，当设计文件无明确规定时，设计压力大于或等于 10kPa 的管道以及布置在地下室、半地下室或地上密闭空间内的管道，除采用加厚的低压管或与专用设备进行螺纹或法兰连接以外，应采用焊接的连接方式 12. 引入管、室内燃气管焊接应符合下列规定： 1）从事燃气钢质管道焊接的人员必须具有锅炉压力容器压力管道特种设备操作人员资格证书，且应在证书的有效期及合格范围内从事焊接工作； 2）管子与管件的坡口形式和尺寸应符合设计文件的规定，当设计文件无明确规定时，应符合现行国家标准《现场设备、工业管道焊接工程施工及验收规范》GB 50236 和《工业金属管道工程施工及验收规范》GB 50235 的相关规定执行； 3）焊缝内部质量无损检测出现不合格的焊缝时，应按下列规定检验及评定： ①每出现一道不合格焊缝，应再抽检两道该焊工所焊的同一批焊缝，当这两道焊缝均合格时，应认为检验所代表的这一批焊缝合格；②
12.34	阀门	严密性试验	全数检查	现场试验	检验	
12.35	城镇燃气室内工程 / 燃气计量表安装	过滤器安装 （燃气计量表前的过滤器应按产品说明书或设计文件的要求进行安装） 与燃具、电气设施的最小水平净距（cm） [1. 家用燃气灶具：30（表高位安装时）； 2. 热水器：30； 3. 电压小于 1000V 的裸露电线：100； 4. 配电盘、配电箱或电表：50； 5. 电源插座、电源开关：20； 6. 燃气计量表：便于安装、检查及维修]	全数检查	现场检查		
12.36	烟道安装	烟道水平长度 （用气设备的烟道应按设计文件的要求施工，居民用气设备的水平烟道长度不宜超过 5m，商业用户用气设备的水平烟道不宜超过 6m，并应有 1% 坡向燃具的坡度） 烟道抽力 （烟道抽力应符合现行国家标准《城镇燃气设计规范》GB 50028 的有关规定）	全数查检	现场检查		

序号	名称		检验项目	检验数量（频次）	取样（检验）方法	检验性质	备注
12.37	城镇燃气室内工程	管道安装验收试验（备注14）	强度试验 （1. 进行强度试验前，管内应吹扫干净，吹扫介质宜采用空气或氮气，不得使用可燃气体； 2. 强度试验压力应为设计压力的1.5倍且不得低于0.1MPa； 3. 强度试验应符合下列要求： ①在低压燃气管道系统达到试验压力时，稳压不少于0.5h后，应用发泡剂检查所有接头，无渗漏、压力计量装置无压力降为合格； ②在中压燃气管道系统达到试验压力时，稳压不少于0.5h后，应用发泡剂检查所有接头，无渗漏、压力计量装置无压力降为合格；或稳压不少于1h，观察压力计量装置，无压力降为合格； ③当对中压以上燃气管道系统进行强度试验时，应在达到试验压力的50%时停止不少于15min，用发泡剂检查所有接头，无渗漏后方可继续缓慢升压至试验压力并稳压不少于1h后，压力计量装置无压力降为合格）	全数检查	现场试验	检 验	当第二次抽检仍出现不合格焊缝时，每出现一道不合格焊缝应再抽检两道该焊工所焊的同一批焊缝，再次检验的焊缝均合格时，可认为检验所代表的这一批焊缝合格；③当仍出现不合格焊缝时，应对该焊工所焊全部同批的焊缝进行检验 13. 钎焊连接指将熔点比母材低的钎料与母材一起加热，在母材不熔化的情况下，钎料熔化后润湿并填充母材连接处的缝隙，钎料和母材相互溶解和扩散，从而形成牢固的连接；从事燃气铜管钎焊焊接的人员应经专业技术培训合格，并持相关部门签发的特种作业人员上岗证书，方可上岗操作 14. 室内燃气管道安装的试验范围应符合下列规定： 1）强度试验：明管敷设时，居民用户应为引入管阀门至燃气计量装置前阀门之间的管道系统；暗埋或暗封敷设时，居民用户应为引入管阀门至燃具接入管阀门(含阀门)之间的管道； 2）严密性试验：应为引入管阀门至燃气计量装置前阀门之间的管道，通气前还应对燃具前阀门至燃具之间的管道进行检查
			严密性试验 （1. 室内燃气系统的严密性试验应在强度试验合格之后进行； 2. 严密性试验应符合下列要求： ①低压管道系统：试验压力应为设计压力，且不小于5kPa，在试验压力下，居民用户应稳压不少于15min，商业和工业企业用户应稳压30min，并用发泡剂检查全部连接点，无渗漏、压力计无压力降为合格；当试验系统中有不锈钢波纹软管、覆塑铜管、铝塑复合管、耐油胶管时，在试验压力下的稳压时间不宜小于1h，除对各密封点检查外，还应对外包覆层端面是否有渗漏现象进行检查； ②中压及以上压力管道系统：试验压力应为设计压力，且不得低于0.1MPa，在试验压力下稳压不得少于2h，用发泡剂检查全部连接点，无渗漏、压力计装置无压力降为合格）	全数检查	现场试验		

第十三章　建筑边坡工程

序号	名 称		检验项目	检验数量（频次）	取样（检验）方法	检验性质	备 注
13.1	主要原材料（备注1）	钢筋 热轧带肋钢筋	力学工艺性能、重量偏差	同厂家、同牌号、同规格，且≤60 t 的产品，抽检 1 组（每组试件 n=5 支），当产品批量超过 60 t 时，每增加 40 t，每组抽检试件增加 1～2 支	n 支×（550～600mm/组）；热轧钢 n 取值规定：批量≤60 t 时，n=5 支；60 t＜批量≤100 t 时，n=6 支；100 t＜批量≤140 t 时，n=8 支；140 t＜批量≤180 t 时，n=10 支	复验	1. 建筑边坡工程中采用的原材料还应符合下列规定：1）锚杆或土钉的浆体材料采用的水泥、砂，按本章第 13.4 条中的相关规定进行复验；2）砌筑砂浆（包括自拌砂浆、预拌砂浆和干粉砂浆）有关材料复检详见第二章"砌体结构工程"的相关规定；3）应限制使用现场拌制混凝土和砂浆
		热轧光圆钢筋					
		冷轧带肋钢筋	力学工艺性能、重量偏差	同厂家、同牌号、同规格，且≤60 t 的产品，抽检不少于 1 组	5 支×（550～600mm/组）		
		钢绞线	力学性能	同厂家、同牌号、同规格，且≤60 t 的产品，抽检不少于 1 组	钢绞线两端未装夹具的取样：3 支×700 mm/组		
13.2		钢材 碳素结构钢	力学性能	同厂家、同牌号、同规格，且≤60 t 的产品，抽检不少于 1 组	钢板：2 件×400×30(mm)/组；型材：2 段×400 mm/组；圆钢：2 段×400 mm/组	验	
		优质碳素结构钢					
13.3		预拌混凝土 水泥	常规性能	不超过 3 个月，同厂家产品所使用的原材料，抽检不少于 1 次（搅拌站现场取样）	12kg/次		
		粉煤灰	物理性能		3kg/次		
		砂	物理性能、氯离子含量		20kg/次		
		碎石或卵石	物理性能		60kg 和 20 kg（粒径 10～20mm）/次		
		外加剂	物理性能	同厂家、同批号，且≤50t 的产品，抽检不少于 1 次	5kg/次		

序号	名 称		检验项目	检验数量（频次）	取样（检验）方法	检验性质	备 注
13.4	主要原材料（备注1）	现场拌制混凝土	水泥	常规性能	同厂家、同品种、同强度等级、同批号，且≤500 t（散装水泥）或≤200 t（袋装水泥）的产品，抽检不少于1次	12kg/次	复验	2.置于边坡中的土钉、喷射混凝土面层及原位土体共同工作所形成的支护结构，土钉通常采取土中钻孔、置入变形钢筋并沿孔全长重力、低压（0.4～0.6 MPa）或高压（1～2MPa）方法注浆做成；土钉也可用钢管、角钉等作为杆体，采用直接击入的方法置入土中；对于没有类似经验的土钉墙工程，在正式施工前，应进行土钉的抗拔基本试验
			砂	物理性能、氯离子含量	同产地、同等级，且≤400m³或600 t的产品，抽检不少于1次	20kg/次		
			碎石或卵石	物理性能	同产地、同等级，且≤400m³或600 t的产品，抽检不少于1次	60kg和20kg（粒径10～20mm）/次		
			外加剂	物理性能	同厂家、同品种，且≤50t的产品，抽检不少于1次	5 kg/次		
			混凝土配合比设计	配合比试验	同品种、同强度等级的混凝土，试验应不少于1次	水泥：50kg；砂：50kg；石子：70kg		
13.5		锚具	质量证明文件	全数检查	现场检查 [质量证明文件应包括： 1. 静载锚固性能试验报告（一年内）； 2.锚固区传力性能试验报告]	检验	
			外观质量硬度试验	同厂家、同品种、同材料、同工艺，且≤2000套的锚具为一个验收批，每一个验收批抽检应不少于1次	抽检数量按每批产品总数的3%，且不应少于5套（多孔夹片式锚具的夹片，每套应抽取6片）	复检	
			静载锚固性能试验（当锚具用量不足500套时，可不进行此项试验）		应在外观检查和硬度检验均合格的锚具中抽取样品，与相应规格和强度等级的预应力筋组装成3套试件		

序号	名　称	检验项目	检验数量（频次）	取样（检验）方法	检验性质	备　注
13.6	土钉墙支护（备注2）	土钉	抗拔承载力基本试验	按设计要求，且每种类型土钉试验数量不应少于3根	现场试验（试验采用地质条件、杆体材料和施工工艺应与工程土钉相同）	复检	3. 锚杆（索）挡墙支护是由锚杆（索）、立柱（排桩）和面板组成的支护，根据挡墙的结构形式可分为板肋式锚杆挡墙、格构式锚杆挡墙和排桩式锚杆挡墙等；根据锚杆的类型可分为非预应力锚杆挡墙和预应力锚杆（索）挡墙；锚杆（索）的防腐蚀处理应符合设计要求和《建筑边坡工程技术规范》GB 50330的相关规定；下列情况下，锚杆应进行基本试验：1）采用新工艺、新材料或新技术的锚杆；2）无锚固工程经验的岩土层内的锚杆；3）一级边坡工程的锚杆；4）当锚杆检验不合格，且按13.7条的规定处理确实有困难时，可由设计、监理、施工单位协商解决，原则上扩大抽检数量应不少于不合格锚杆数量的3倍
			声波反射法(按设计要求)	抽检数量不少于土钉总数的10%，且不宜少于20根（验收试验前进行）	现场检测（当抽检土钉不合格率大于10%时，应对未检测的土钉进行加倍抽检）		
			抗拔承载力验收试验	抽检数量取每种类型土钉总数的1%，且均不得少于3根	现场检测（检测结果不符合设计要求时，应按不满足要求的数量加倍扩大抽检）		
			浆体抗压强度	每灌注30根土钉（或检验批）同配合比浆体，留置试件应不少于1组	6块×70.7×70.7×70.7(mm)/组（水泥砂浆取3块）		
		喷射混凝土面层	混凝土抗压强度	每喷射 500m² （或检验批）同配合比混凝土，留置试件应不少于1组	3块×100×100×100(mm)/组		
			面层厚度	每500 m² 抽检1组，每组3点	现场检测（平均厚度应大于设计厚度，最小值应不小于设计厚度的80%）（凿孔法或钻孔法）	检验	

序号	名称	检验项目	检验数量（频次）	取样（检验）方法	检验性质	备注
13.7	锚杆（索）挡土墙支护（备注3）	锚杆（锚索）	抗拔承载力基本试验	按设计要求，且每种类型锚杆（索）试验数量不应少于3根	现场试验（试验采用的地质条件、杆体材料和施工工艺应与工程锚杆相同）	复验	4.岩石边坡可采用锚喷支护：Ⅰ类岩质边坡宜采用混凝土锚喷支护；Ⅱ类岩质边坡宜采用钢筋混凝土锚喷支护；Ⅲ类岩质边坡坡高不宜大于15m，且应采用钢筋混凝土锚喷支护；岩面护层采用喷射混凝土时，喷射混凝土与岩面的粘结强度应符合要求；岩石锚杆一般采用全粘结型锚杆，基本试验要求同本章备注3
			声波反射法（按设计要求）	抽检数量不少于锚杆（索）总数的10%，且不宜少于20根（验收试验前进行）	现场检测[当抽检锚杆不合格率大于10%时，应对未检测的锚杆（索）进行加倍抽检]		
			抗拔承载力验收试验	抽检数量取每种类型锚杆（索）总数的5%（自由段位于Ⅰ、Ⅱ或Ⅲ类岩石内时取总数的3%），且均不得少于5根	现场检测[当验收锚杆不合格时，应按锚杆（索）总数的30%重新抽检；若再有锚杆（索）不合格时应全数进行检验]		
			浆体抗压强度	每灌注30根锚杆（或检验批）同配合比浆体，留置试件应不少于1组	6块×70.7×70.7×70.7(mm)/组（水泥砂浆取3块）		5.挡土墙形式主要有重力式、悬臂式、扶壁式挡土墙等；重力式挡墙多采用浆砌块石（条石），块石（条石）的强度等级不应低于MU30；挡土墙的泄水孔应符合设计要求，且应符合下列规定： 1)泄水孔应均匀设置，在每米高度上每隔2m左右设置一个泄水孔； 2)泄水孔与土体间铺设长、宽各为30mm、厚200mm的卵石或碎石作滤水层；
13.8		混凝土灌注排桩或抗滑桩	混凝土抗压强度	每浇筑25m³（或检验批）同配合比混凝土，留置试件应不少于1组，且每根桩应留置1组试件；直径≥800mm的桩，每根桩应留置1组试件	3块×150×150×150(mm)/组（标准试块）		
			低应变法	全数检验	现场检测		
			钻芯法（直径≥800mm）	抽检数量不应少于总桩数的10%，且不应少于10根（总桩数在50根以内时，不应少于5根）	现场检测		
		冠梁立柱挡板格构梁	混凝土抗压强度	每浇筑100m³（或检验批）同配合比混凝土，留置标养和同条件养护试块试件应各不少于1组	3块×150×150×150(mm)/组（标准试块）		

序号	名 称	检验项目	检验数量（频次）	取样（检验）方法	检验性质	备 注
13.9	岩石锚喷支护（备注4）	锚杆	抗拔承载力基本试验	按设计要求，且每种类型锚杆的试验数量不应少于3根	现场试验（试验采用地质条件、杆体材料和施工工艺应与工程锚杆相同）	复验	3）挡土墙地基处理、桩基检验应符合第一章"地基与基础"的相关规定
			声波反射法（按设计要求）	抽检数量不少于总锚杆（索）数的10%，且不宜少于20根（验收试验前进行）	现场检测（抽检锚杆不合格率大于10%时，应对未检测的锚杆进行加倍抽检）		6. 边坡工程监测应符合下列规定： 1）由业主委托有资质的第三方监测单位编制监测方案（监测方案应根据设计要求、边坡稳定性、周边环境和施工进程等因素确定），经设计、监理、业主等共同认可后实施； 2）当边坡出现险情时应加强监测； 3）一级边坡工程竣工后的监测时间不应少于两年
			抗拔承载力验收试验	抽检数量取每种类型锚杆（索）总数的5%，且均不得少于5根	现场检测（当验收锚杆不合格时，应按锚杆总数的30%重新抽检；若再有锚杆不合格时应全数进行检验）		
			浆体抗压强度	每灌注30根锚杆（或检验批）同配合比浆体，留置试件应不少于1组	6块×70.7×70.7×70.7(mm)/组（水泥砂浆取3块）		
		喷射或浇筑混凝土面层	喷射混凝土与岩面的粘结强度	按设计要求，且每种类型岩面试验数量不应少于1次（注：粘结强度对整体状和块状岩体不应低于0.7MPa，对碎裂状岩体不应低于0.4MPa）	现场检测（按现行国家标准《锚杆喷射混凝土支护技术规范》GB 50086 的相关规定执行）		
			混凝土抗压强度	每喷射100 m³（或检验批）同配合比混凝土，留置试件应不少于1组	3块×100×100×100(mm)/组		
			面层厚度（钻芯法）	每100 m²抽检1组，每组3点（芯样直径为100mm）或每组6点（芯样直径为50mm）	现场检测（平均厚度应大于设计厚度，最小值应不小于设计厚度的90%）	检验	

序号	名　　称	检验项目	检验数量（频次）	取样（检验）方法	检验性质	备　注
13.10	挡土墙（备注5） 浆砌块石挡土墙	石材抗压强度	同产地、同品种、同等级的产品，抽检不少于1组	10块×50×50×50(mm)/组	复验	7.边坡勘察设计应符合下列规定：1）破坏后果很严重、严重的下列边坡工程，其安全等级应为一级：①岩质边坡高度大于30m、土质边坡大于15m的建筑边坡工程；②外倾软弱结构面控制的边坡工程；③危岩、滑坡地段的边坡工程；④边坡塌滑区内或边坡塌滑影响区内有重要建（构）筑物的边坡工程；2）下列边坡工程设计及施工应进行专门论证：①地质和环境条件很差、稳定性较差的边坡工程；②边坡邻近有重要建（构）筑物、地质条件复杂、破坏后果很严重的边坡工程；③已发生过严重事故的边坡工程；④采用新结构、新措施的一、二级边坡工程；3）一级建筑边坡应进行专门的岩土工程勘察；二、三级边坡工程可与主体建筑勘察一并进行
		砌筑砂浆抗压强度	不超过250 m³（或检验批）砌体的各种类型及强度等级的砌筑砂浆，留置试件应不少于1组	3块×70.7×70.7×70.7(mm)/组		
	混凝土挡土墙	混凝土抗压强度	每浇筑100 m³（或检验批）的同配合比的混凝土，留置试件应不少于1组	3块×150×150×150(mm)/组（标准试块）		
		混凝土抗压强度（同条件试块）	每一强度等级的混凝土，留置试件应不少于3组，且不宜少于10组			
	挡土墙泄水孔	泄水孔设置	全数检查	现场检查	检验	
13.11	边坡绿化工程	种植回填土压实度	按面积随机抽查5%，以500m²为一个抽查区域，每个区域抽检不少于3点	现场检测（如无设计要求，压实度应≥85%）	复验	
		绿化覆盖度	全数检查	现场检查（覆盖率应95%）	检验	
13.12	边坡工程监测（备注6、7）	坡顶位移	设计无明确要求时，应在每一典型边坡段的支护结构顶部设置不少于3个观测点的观测网，观测位移量、移动速度和方向	现场监测	复验	
		锚杆应力	设计无明确要求时，非预应力锚杆的监测数量不宜少于锚杆总数的5%，预应力锚杆（索）的监测数量不应少于锚杆（索）总数的10%，且不应少于3根	现场监测[应选择有代表性的锚杆（索）]		

第十四章　园林绿化工程

序号	名　称			检验项目	检验数量（频次）	取样（检验）方法	检验性质	备　注
14.1	绿化工程（备注1、2）	栽植基础	有机肥料	按相应检验标准	按有机肥料每20 t取样检测1次，≤20 t应取样检测1次	按相应检验标准规定取样	复验	1. 园林绿化工程包括绿化工程、园林建筑及小品工程、园林水电工程 2. 绿化工程：树木、花卉、草坪、地被植物等的植物种植工程 3. 种植土：理化性能好、结构疏松、通气、保水、保肥能力强，适宜于园林植物生长的土壤 4. 植物材料的品种应符合设计要求，严禁带病、虫、草害，检验方法：观察和对照设计图纸、合同预算中的植物材料的品种，检查《苗木出圃单》及植物材料的《植物检疫证》；植物材料有关术语和定义： 1）株高：植物从地表面到植物自然状态下最高点的垂直高度； 2）树干高：乔木从地表面到树冠的最下分枝点的垂直高度；
			栽植土壤（备注3）	土壤酸碱度（pH值）及设计要求检验的项目	按面积每10000m² 取样检测1次，面积≤10000m² 应取样检测1次；回填土按每500m² 取样检测1次，面积≤500m² 应取样检测1次	按相应检验标准规定取样		
				1. 土地应平整，回填的栽植土已达到自然沉降的状态，地形的造型和排水坡度应符合设计要求； 2. 栽植土整洁，无明显的石砾、瓦砾等杂物；土壤疏松不板结	按面积随机抽查5%，以500m² 为一个抽检区域，每个区域抽查不得少于3个点；≤500m² 应全数检查	现场检查	检验	
				1. 栽植土深度[植物种植必需的最低土层厚度（cm）：草本花卉：30；草地被：30；小灌木：45；大灌木：60；浅根乔木：90；深根乔木：150]； 2. 栽植土土块颗粒直径：≤20~60mm	1. 灌木按栽植数量抽检5%； 2. 单株种植的乔、灌木每20株为一个抽查点； 3. 丛植乔、灌木，地被及草坪按面积随机抽查5%，以500m² 为一个抽检区域，每个区域抽查不得少于3个点，每个点根据不同植物种植要求按不同深度取样，≤500m² 应全数检查	现场检查		

序号	名称			检验项目	检验数量（频次）	取样（检验）方法	检验性质	备注
14.2	绿化工程（备注1、2）	植物材料（备注4）	乔木	乔木的胸径、枝干高、株高、冠幅、分枝数、土球直径	1. 乔、灌木按栽植数量抽查≥20%，但乔木不少于50株，灌木不少于100株；2. 草皮地被按面积抽查5%，50m²为一点；草花按面积抽查10%，2m²为一点	现场检查	检 验	3）裸干高：棕榈类植株从地表面到最低叶鞘以下裸干的高度；4）灌高：灌木从地表到正常生长顶端的垂直高度；5）胸径：乔木主干离地表面1.3m处的直径；6）冠幅：乔木冠部投影最大与最小直径的平均值；7）蓬径：灌木冠部投影最大与最小直径的平均值；8）基径：苗木主干离地0.1m处的基部直径；9）主蔓长度：藤本植物的主茎长度；10）病害：植物的各部位因病原（真菌、细菌等）的侵染或因生理的原因导致的各种病害，如溃烂、坏死、病斑、穿孔、褪色等；11）虫害：植物的各部位因害虫危害造成的穿孔、褪色、斑点等伤害；12）破损：植物因人为、机械原因造成的折根、穿孔、缺裂等伤害
			棕榈、苏铁类	棕榈、苏铁类植物的基径、株高、裸干高、冠幅、分枝数、叶片数、土球直径				
			竹类	竹类植物的基径、每丛分枝数、截干高度、土球直径				
			灌木	灌木的灌高、蓬径、土球直径				
			木质藤本	木质藤本植物的地径、主蔓长、分枝数、土球直径				
			花卉及地被植物	配置符合设计要求、生长苗壮、苗木均齐、根系发达、无损伤及病虫害				
			草皮	草块尺寸一致、无破损、无杂草、密度>70%、长势良好、无病虫害				
14.3		树木、草坪、花坛、地被栽植	树木栽植	1. 乔木、大灌木和小灌木成活率（成活率须≥95%）；2. 乔木、大灌木和小灌木的数量	全数检查	现场检查		
			草坪、花坛、地被栽植	1. 草坪、花坛、地被成活率（成活率须达95%方能进行竣工验收）；2. 草坪、花坛、地被坑洼面积（坑洼面积≤10%）；3. 花坛、地被种植密度	1. 草坪、地被按面积随机抽查≥5%，每1000m²为一个检查区域，每个抽查区域抽查不少于3个抽查点，每个抽查点30～50m²，≤2000m²应全数检查；2. 花坛按面积随机抽查≥10%，每500m²为一个检查区域，每个抽查区域抽查不少于3个抽样点，每个抽样点10～30m²，≤200m²应全数检查	现场检查		

序号	名 称			检验项目	检验数量（频次）	取样（检验）方法	检验性质	备　注
14.4	同上	边坡绿化工程	回填土壤	密实度（如无设计要求，应≥85%）	按面积随机抽查5%，以500m²为一个检查区域，每个区域抽查不少于3个抽查点，≤500m²应全数检查	现场检测	复验	5. 园林建筑及小品工程包括建筑、筑山（假山、叠石、塑石）、园路广场、园林小品(栏杆、扶手、景石、花架廊架、桥涵、堤、岸、花坛、园凳、坐椅、标识牌、果皮箱、雕塑等)，园林建筑工程验收同建筑工程
			草坪或地被	覆盖度（覆盖度应≥95%）		现场检查	检验	
14.5	园林建筑及小品工程（备注1、5）		原材料	1. 钢筋、预拌混凝土、现场拌制混凝土等同第二章"混凝土结构工程"的相关规定；2. 砌块（砖）、砌体砂浆等同第四章"砌体结构工程"的相关规定；3. 园路广场采用的石材、混凝土预制砌块等同第十章"城镇道路工程"的相关规定			复验或检验	
			混凝土抗压强度	同第二章"混凝土结构工程"的相关规定				
			砂浆抗压强度	同第四章"砌体结构工程"或第十章"城镇道路工程"的相关规定				
			基层压实度	同第十章"城镇道路工程"的相关规定				
14.6	园林给排水		绿地给水排水	管沟、井室、管道安装、回填等验收同第十一章"给水排水管道工程"的相关规定				
14.7	园林用电		景观照明	电管安装、电缆敷设、灯具安装、接地安装、开头插座、照明通电试运行等验收，同第八章"建筑电气工程"的相关规定				

附录1 《建设工程质量验收项目检验简明手册》 编制依据和适用范围

第一章 地基与基础工程

一、编制依据

1. 《建筑地基基础工程施工质量验收规范》（GB 50202-2002）

2. 《深圳市基坑支护技术规范》（SJG 05-2011）

3. 《建筑基坑支护技术规程》（JGJ 120-2012）

4. 《建筑地基基础检测规范》（DB 515-60-2008）

5. 《建筑基桩检测规程》（SJG 09-2007）

6. 《建筑基桩检测技术规范》（JGJ 106-2003）

7. 《全国民用建筑工程设计技术措施（结构）》

8. 《城市桥梁工程施工与质量验收规范》（CJJ 2-2008）

9. 《地下防水工程质量验收规范》（GB 50208-2011）

10. 《深圳市建筑防水工程技术规范》（SJG 19-2010）

二、适用范围：建筑工程、构筑物、桥梁工程、给排水管道工程、边坡工程等

第二章 混凝土结构工程

一、编制依据

1. 《混凝土结构工程施工质量验收规范》（GB 50204-2002）2011 年版

2. 《城市桥梁工程施工与质量验收规范》（GJJ 2-2008）

3. 《给水排水构筑物工程施工及验收规范》（GB 50141-2008）

4. 《建筑结构加固工程施工质量验收规范》（GB 50550-2010）

5. 《混凝土结构加固设计规范》（GB 50367-2006）

6. 《城市桥梁检查与检验办法（试行）》（粤建建字[1999]105 号文）

7. 《地下防水工程质量验收规范》（GB 50208-2011）

8. 《钢筋焊接及验收规程》（JGJ 18-2012）

9. 《钢筋机械连接技术规程》（JGJ 107-2010）

10. 《民用建筑工程室内环境污染控制规范》（GB 50325-2010）

11. 《钻芯法检测混凝土强度技术规程》（CECS 03：2007）

12. 《回弹法检测混凝土抗压强度技术规程》（JGJ/T 23 -2011）

13. 《混凝土质量控制标准》（GB 50164-2011）

二、适用范围：建筑工程、建筑加固工程、构筑物、桥梁工程等

第三章　　砌体结构工程

一、编制依据

1. 《砌体结构工程施工质量验收规范》（GB 50203-2012）

2. 《非承重砌体及饰面工程施工与验收规范》（SJG 14-2004）

3. 《给水排水构筑物工程施工及验收规范》（GB 50141-2008）

4. 《城市桥梁工程施工与质量验收规范》（CJJ 2-2008）

5. 《城镇道路工程施工与质量验收规范》（CJJ 1-2008）

6. 《民用建筑工程室内环境污染控制规范》（GB 50325-2010）

7. 《预拌砂浆生产与应用技术规范》（SJG 12-2004）

8. 《干粉砂浆生产与应用技术规范》（SJG 11-2004）

9. 《蒸压加气混凝土用砌筑砂浆与抹面砂浆》（JC 890-2001）

二、适用范围：建筑工程、构筑物等

第四章　　钢结构工程

一、编制依据

1. 《钢结构工程施工质量验收规范》（GB 50205-2001）

2. 《钢结构工程施工规范》（GB 50755-2012）

3. 《钢结构高强度螺栓连接技术规程》（JGJ 82-2011）

4. 《网架结构工程质量检验评定标准》（JGJ 78-91）

5. 《民用建筑工程室内环境污染控制规范》（GB 50325-2010）

6. 《城市桥梁工程施工与质量验收规范》（CJ 52-2008）

7. 《钢结构防火涂料应用技术规范》（CECS 24:90）

二、适用范围：建筑工程、构筑物、桥梁工程等

第五章　　建筑装饰装修工程

一、编制依据

1.《建筑装饰装修工程质量验收规范》（GB 50210-2001）

2.《非承重砌体及饰面工程施工与验收规范》（SJG 14-2004）

3.《民用建筑工程室内环境污染控制规范》（GB 50325-2010）

4.《铝合金门窗工程设计、施工及验收规范》（DBJ 15-30-2002）

5.《未增塑聚氯乙烯（PVC）塑料窗》（JG/T 140-2005）

6.《玻璃幕墙工程技术规范》（JGJ 102-2003）

7.《金属与石材幕墙工程技术规范》（JGJ 133-2001）

8.《建筑地面工程施工质量验收规范》（GB 50209-2010）

9.《建筑工程饰面砖粘结强度检验标准》（JGJ 110-2008）

10.《预拌砂浆生产与应用技术规范》（SJG 12-2004）

11.《干粉砂浆生产与应用技术规范》（SJG 11-2004）

12.《抹灰砂浆技术规程》（JGJ/T 220-2010）

13.《建筑内部装修防火施工及验收规范》（GB 50354-2005）

14.《蒸压加气混凝土用砌筑砂浆与抹面砂浆》（JC 890-2001）

15.《建筑砂浆基本性能试验方法标准》JGJ/T 70-2009

16.《城市桥梁工程施工与质量验收规范》（CJJ 2-2008）

17.《建筑物防雷设计规范》（GB 50057-2010）

18.《建筑玻璃应用技术规程》（JGJ 113-2009）

19.《民用建筑设计防火规范》（GD 50045-95）（2005 年版）

20.《城市道路和建筑物无障碍设计规范》（JGJ 50-2001）

21.《民用建筑设计通则》（GB 50352-2005）

二、适用范围：建筑工程、构筑物等

第六章　　屋面工程

一、编制依据

1.《屋面工程质量验收规范》（GB 50207-2012）

2.《屋面工程技术规范》（GB 50345-2012）

3.《建筑防水工程技术规程》（DBJ 15-19-2006）

4.《深圳市建筑防水工程技术规范》（SJG 19-2010）

二、适用范围：建筑工程、构筑物、桥梁工程等

第七章　　建筑节能工程

一、编制依据

1. 《建筑节能工程施工质量验收规范》（GB 50411-2007）

2. 《广东省建筑节能施工质量验收规范》（DBJ 15-65-2009）

3. 《建筑节能工程施工验收规范》（SZJG 31-2010）

4. 《深圳市居住建筑节能设计标准实施细则》（SJG 15-2005）

5. 《公共建筑节能设计标准》（GB 50189-2005）

二、适用范围：民用建筑工程、公共建筑工程

第八章　　建筑电气工程

一、编制依据

1. 《建筑电气工程施工质量验收规范》（GB 50303-2002）

2. 《电气装置安装工程电气设备交接试验标准》（GB 50150-2006）

3. 《中国气象局令》（第 11 号）

二、适用范围：建筑工程、城市道路照明工程等

第九章　　建筑给水排水工程

一、编制依据

1. 《建筑给水排水及采暖工程施工质量验收规范》（GB 50242-2002）

2. 《自动喷水灭火系统施工及验收规范》（GB 50261-2005）

二、适用范围：建筑工程、消防工程等

第十章　　城镇道路工程

一、编制依据

1. 《城镇道路工程施工与质量验收规范》（CJJ 1-2008）

2. 《公路沥青路面施工技术规范》（JTG F40-2004）

3. 《公路沥青路面施工技术规范实施手册》

4. 《城市道路照明工程施工及验收规程》（CJJ 89-2012）

5. 《公路隧道施工技术规范》（JTG F60-2009）

6. 《公路工程质量检验评定标准》（JTG F80/1-2004）

二、适用范围：城镇道路工程、园林绿化工程等

第十一章　　给水排水管道工程

一、 编制依据

1.《给水排水管道工程施工及验收规范》（GB 50268-2008）

2.《给水排水构筑物工程施工及验收规范》（GB 50141-2008）

二、适用范围：市政给水排水管道工程、园林绿化工程等

第十二章　　城镇燃气工程

一、 编制依据

1.《城镇燃气室内工程施工与质量验收规范》（CJJ 94-2009）

2.《城镇燃气输配工程施工及验收规范》（CJJ 33-2005）

3.《聚乙烯燃气管道工程技术规程》（CJJ 63-2008）

二、适用范围：城镇燃气输配工程、城镇燃气室内工程等

第十三章　　建筑边坡工程

一、 编制依据

1.《建筑边坡工程技术规范》（GB 50330-2002）

2.《建筑地基基础检测规范》（DBJ 15-60-2008）

3.《锚杆锚固质量无损检测技术规程》（JGJ/T 182-2009）

4.《预应力筋用锚具、夹具和连接器》（GB/T 14370）

5.《建筑地基基础工程施工质量验收规范》（GB 50202-2002）

6.《园林绿化工程质量验收规范》（DB440300/T 29-2006）

二、适用范围：建筑边坡工程、城镇道路工程等

第十四章　　园林绿化工程

一、 编制依据

1.《城市绿化工程施工及验收规范》（CJJ/T 82-99）

2.《园林绿化工程质量验收规范》（DB440300/T 29-2006）

3.《城市园林绿化用苗——木本苗木分级标准》（DB440300/T 28-2006）

二、适用范围：绿化工程、园林建筑及小品工程、园林水电工程等

附录2 工程质量通病防治技术措施二十条

一、前　言

建筑工程质量通病是指建筑工程中经常发生的、普遍存在的一些工程质量问题，由于量大面广，因此对建筑工程质量危害很大，是进一步提高工程质量的主要障碍。1995 年，原省建委颁发了《关于印发〈广东省消除建筑安装工程质量通病若干规定〉的通知》（粤建监字［1995］144 号，以下简称《若干规定》），全省各地按照《若干规定》的要求，采取切合实际的措施，经过近 10 年的实践，《若干规定》所列的质量通病现象在我省房屋建筑工程中逐年减少，其中的部分措施已成为近几年出台的工程建设技术规范、标准的条文。实践证明，抓好质量通病防治工作是提高工程质量的重要途径。

近年来，我省建筑业蓬勃发展，由于相应的技术标准和措施的制定相对滞后，传统的施工法已不适应工程建设的要求，一些新的质量通病也随之产生，以前一些不太关注的质量通病，现在也日显突出。例如：新型砌体开裂、渗漏，混凝土结构板梁开裂，卫生间、给水管暗敷渗漏，阳台栏杆过低，电器设备无防雷接地等。这些质量通病，有的缩短了建筑物的使用年限，有的直接影响了建筑物的使用安全，有的影响了建筑物的使用功能，在人民生活质量不断提升、对住宅工程质量要求越来越高的同时，住宅工程的质量通病，成为了人民群众质量投诉的热点。

为加大防治我省住宅工程质量通病的工作力度，进一步提高住宅工程质量，针对目前我省住宅工程发生的质量通病，根据国家的有关技术规范、标准，结合我省实际，在深圳、珠海、清远等市已实施的地方性技术措施的基础上，编制了《广东省住宅工程质量通病防治技术措施二十条》（以下简称《二十条》），其中土建工程 11 条，建筑设备安装工程 9 条。

《二十条》可作为指导施工、设计、施工图审查、工程监理和质量监督等进行质量控制及质量管理之用。

由于编制的时间比较仓促，错漏之处在所难免，恳请指正。请各单位在执行本防治措施过程中，注意总结经验，积累资料，随时将有关的意见和建议反馈给广东省建设工程质量安全监督检测总站（通讯地址：广州市先烈东路 121 号，邮政编码 510500），以供今后修订时参考。

二、基本规定

实施《广东省住宅工程质量通病防治技术措施二十条》的基本规定：

一、适用于本省行政区域内 2006 年 1 月 1 日起新开工的住宅工程，其他工程可参照执行。

二、实施《二十条》所增加的工程费列入工程造价。

三、在住宅工程的勘察设计、施工图审查、施工和监理等建设过程中，除执行国家有关法律、法规和工程技术标准等规定外，还应执行本《二十条》。

四、建设单位应将质量通病防治技术措施列入工程检查和验收内容，工程竣工验收报告应说明质量通病防治技术措施实施情况。

五、勘察设计单位在住宅工程设计中应将本质量通病防治技术措施有关设计的内容在施工图设计文件中体现，并向施工等相关单位进行设计交底。

六、施工图审查机构应将质量通病防治措施列入重点审查内容，审查报告应说明质量通病防治技术措施符合情况。

七、施工单位应编写《住宅工程质量通病防治方案和施工措施》，经监理单位审查后实施，并严格落实质量通病防治技术措施；在工程竣工报告中应重点说明质量通病防治技术措施落实情况。

八、监理单位应审查施工单位提交的《住宅工程质量通病防治方案和施工措施》，提出具体要求和监控措施，并列入《监理细则》作为重点监理内容；在分项和分部工程验收时应重点对质量通病防治措施进行核查，评估报告应对质量通病防治措施落实情况进行评估。

九、质量监督机构应将通病防治列入日常监督检查重点，在工程质量监督报告中说明对质量通病防治的监督情况。

广东省住宅工程质量通病防治技术措施二十条

条号	通病现象	部位或项目	技术措施
1	渗漏	外墙	1.1 当外墙采用空心砖或加气混凝土等新型墙体材料时，应按 DBJ 15-9-97 要求全面挂金属网。 1.2 支承在悬臂梁和悬臂板上的墙体，应按图 1.1a 和图 1.1b 所示设置钢筋混凝土抗裂柱。 抗裂柱尺寸不小于墙厚×180 ≤3000　≤3000 图 1.1a 抗裂柱尺寸不小于墙厚×180，梁柱预留2φ6@200钢筋与抗裂柱箍筋焊接 ≤3000　≤3000　A 图 1.1b 1.3 当外墙设置通长窗时，窗下应设钢筋混凝土压顶，压顶配筋见图1.2；压顶下应设置抗裂柱，间距不大于 3m，抗裂柱内配不小于 $4\phi12$ 纵筋及 $\phi6@200$ 箍筋；压顶和抗裂柱纵筋搭接、锚固长度不小于 500mm。拉结筋设置应符合抗震要求。 1.4 混凝土结构在找平层施工前应凿毛或甩浆，混凝土结构及砌体结构在找平层施工前应充分淋水湿润。 1.5 外墙从基体表面开始至饰面层应留分隔缝，间隔宜为 3×3(m)，可预留或后切，金属网、找平层、防水层、饰面层应在相同位置留缝，缝宽不宜大于 10mm，也不宜小于 5mm，切缝后宜采用空气压缩机具吹除缝内粉末，嵌填高弹性耐候胶。

条号	通病现象	部位或项目	技术措施
1	渗漏	外墙	 图 1.2 1.6 找平层水泥砂浆宜掺防水剂、抗裂剂、减水剂等外加剂。 1.7 找平层每层抹灰厚度不大于 10mm，抹灰厚度≥35mm 时应有挂网等防裂防空鼓措施。 1.8 防水层宜用聚合物水泥砂浆。 1.9 当建筑长度超过规范设缝要求（以下简称超长建筑）时，设计及施工应制定专门的抗裂措施，外墙面宜采用高弹性涂料。
2	漏裂	屋面	2.1 砌体女儿墙，砌体强度等级应大于 MU10，砂浆强度等级不低于 M10，应按图 1.1a 要求设置钢筋混凝土构造柱、按图 1.2 要求设置钢筋混凝土压顶。 2.2 天沟或女儿墙应按 DBJ 15-19-97 规定留设溢水孔。 2.3 屋面工程宜采用图 2.1 防水保温隔热构造；宜采用现场发泡的硬泡聚氨酯、聚苯乙烯板等导热系数 λ≤0.05W/(m·K) 的高效保温隔热材料；不宜采用水泥膨胀珍珠岩、水泥膨胀蛭石等水溶性保温隔热材料；架空隔热层净高宜大于 180mm，屋面宽度大于 10m 时应设通风层脊；架空层至女儿墙边宽度不小于 250mm，也不大于 300mm；当未设保温层时，架空隔热层仅适用于长度不大于 35m 的建筑；当建筑长度超过规范设缝要求时应增强屋面保温隔热功能，不得采用无保温隔热设施，或未设保温层且架空层净高小于 180mm 的屋面构造。

条号	通病现象	部位或项目	技术措施
2	漏裂	屋面	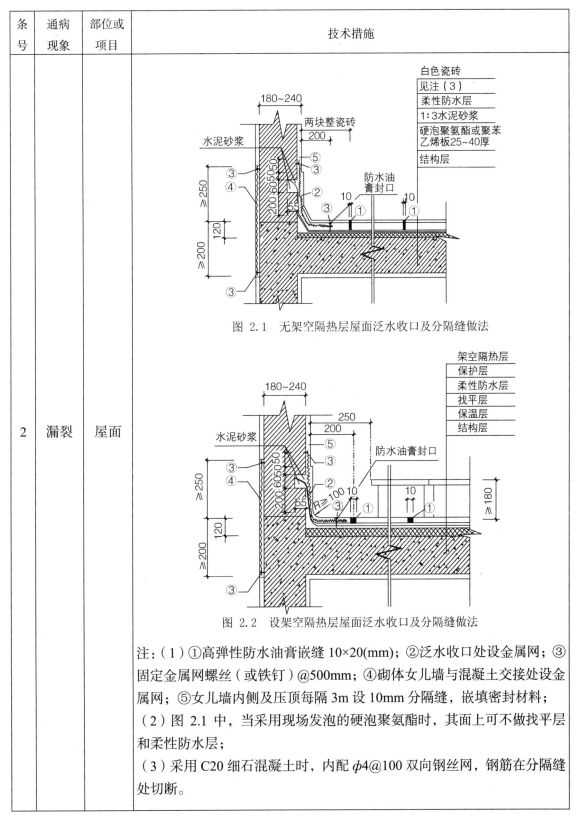

图 2.1　无架空隔热层屋面泛水收口及分隔缝做法

图 2.2　设架空隔热层屋面泛水收口及分隔缝做法

注：（1）①高弹性防水油膏嵌缝 10×20(mm)；②泛水收口处设金属网；③固定金属网螺丝（或铁钉）@500mm；④砌体女儿墙与混凝土交接处设金属网；⑤女儿墙内侧及压顶每隔 3m 设 10mm 分隔缝，嵌填密封材料；

（2）图 2.1 中，当采用现场发泡的硬泡聚氨酯时，其面上可不做找平层和柔性防水层；

（3）采用 C20 细石混凝土时，内配 $\phi4@100$ 双向钢丝网，钢筋在分隔缝处切断。

条号	通病现象	部位或项目	技术措施
3	积水及渗漏	排水口	屋面、露台地漏汇水区直径宜≥500mm，坡度宜≥5%，如图 3.1 和图 3.2 所示。 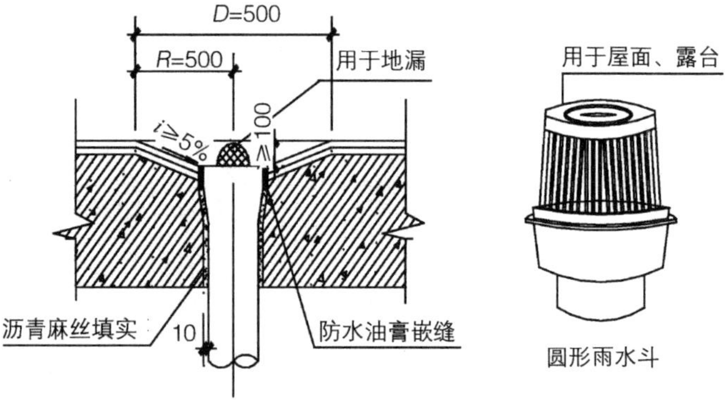 图 3.1 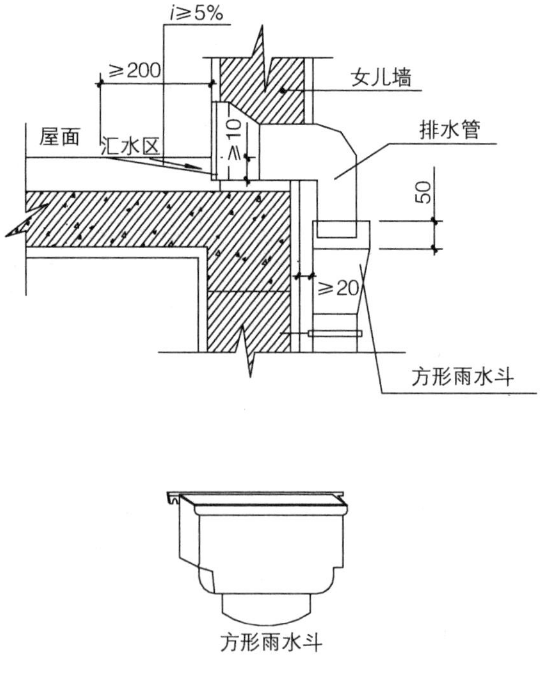 图 3.2

条号	通病现象	部位或项目	技术措施
4	渗漏	门窗	4.1 推拉窗扇应设限位装置。 4.2 外窗下框宜有泄水结构，如无时应做如下处理： （1）推拉窗：导轨在靠两边框处铣 8mm 宽的泄水口； （2）平开窗：在靠框中梃位置每个扇洞铣一个 8mm 宽的泄水口。 4.3 铝合金窗外周边留宽 5mm、深 8mm 的槽，防水胶嵌缝。 4.4 安装所用的螺丝应为铜螺丝或不锈钢螺丝，钉口应做好防渗处理。 4.5 每条窗边框与墙体的连接固定点不得少于 2 处，间距不得>0.5m，边框端部的第一固定点距端部的距离≤0.2m。 图 4 4.6 窗高≥2m 或面积≥6m^2 的窗框宜固定在混凝土或其他可靠构件上。 4.7 铝合金门窗框安装前，应撕去水泥砂浆接触处的包装纸并涂刷聚氨酯清漆等保护剂。门窗框与墙体安装缝隙宜用防水砂浆或聚合物水泥砂浆嵌填饱满，必要时也可采用注浆工艺，不得使用混合砂浆嵌缝。

条号	通病现象	部位或项目	技术措施
5	使用安全	安全玻璃	**5.1 玻璃:** 在人流出入较多,可能产生拥挤和儿童集中的公共场所的门和落地窗,必须采用钢化玻璃或夹层玻璃等安全玻璃。 **5.2** 层数≥7层时,应采用安全玻璃。 **5.3** 无室外阳台的外窗台距室内地面高度小于0.9m时,必须采用安全玻璃并采取可靠的防护措施,窗台高度小于0.6m的窗,其计算高度应从窗台面开始计算。 **5.4** 单块玻璃大于1.5m²时应采用安全玻璃。
6	使用安全	栏板、栏杆、扶手	**6.1** 阳台、外廊、室内回廊、内天井及上人屋面临空处防护栏杆高度 h 应符合下列规定: (1)多层和低层建筑物: $h≥1.05m$; (2)高层建筑: $1.10m<h≤1.20m$; (3)中小学建筑: $h≥1.1m$; (4)托儿所、幼儿园建筑: $h≥1.2m$。 (注:以上高度指施工完成后的净高度,起算面从阳台地面算起) **6.2** 栏板和栏杆应以坚固、耐用的材料制作,并能承受规范规定的水平荷载。 **6.3** 阳台栏板和栏杆与外墙交接处应用聚合物水泥砂浆嵌填处理。 **6.4** 栏板或栏杆距楼面或屋面0.1m高度范围内不应留空。 **6.5** 住宅和有儿童经常使用的建筑,其栏杆垂直杆件间的净距不应大于0.11m,栏杆应采用不易攀登的构造。 **6.6** 楼梯扶手高度 h 应符合下列规定: (1)住宅室内楼梯扶手 $h≥0.9m$,当水平段栏杆长度大于0.5m时,其扶手高度 $h≥1.05m$; (2)中小学室外楼梯扶手 $h≥1.1m$; (3)其他建筑室外楼梯扶手 $h≥1.05m$; (4)其他建筑室内楼梯扶手 $h≥0.9m$。 (注:以上高度均指施工完成后的净高度,自踏步前缘线量起) **6.7** 住宅和有儿童经常使用的楼梯,垂直杆件间的净距不应大于0.11m,栏杆应采用不易攀登的构造;梯井净宽大于0.20m时,必须采取防儿童攀滑的措施。

条号	通病现象	部位或项目	技术措施
7	裂缝	混凝土梁板	7.1 楼板厚度不宜小于 100mm；当埋设线管较密，或线管交叉时，板厚不宜小于 120mm。建筑外转角处的室内角部板块和井式楼盖的角部板块，其板厚不宜小于 120mm（图 7.1a、7.1b）。建筑物平面刚度突变处的楼板宜适当加厚。 用于双向板 图 7.1a　　　用于单向板　图 7.1b 7.2 挑出阳台宜用梁式结构；当挑出长度 $L \geqslant 1.5\text{m}$ 时，应采用梁式结构；当 $1.0\text{m} \leqslant L < 1.5\text{m}$ 且需采用悬挑板时，其根部板厚不小于 $l/10$ 且不小于 120mm。 7.3 板面钢筋的直径不宜小于 10mm。受力钢筋的间距不大于 200mm，分布钢筋的间距不大于 300mm。 7.4 单向板长跨方向底筋配筋量 $A_s \geqslant 1.5bh/1000$，钢筋间距不宜大于 200mm，直径不宜小于 6mm。 7.5 阳台悬挑板长度 $1.0\text{m} \leqslant L < 1.5\text{m}$ 时，受力钢筋直径不宜小于 12mm。 7.6 建筑外转角处的室内角部板块和井式梁角部板块宜按图 7.1a 和 7.1b 配筋。 7.7 在建筑平面刚度(或宽度)突变处，板底板面通长钢筋配筋量 $A_s \geqslant 3bh/1000$。 7.8 室外悬臂板跨度 $L \geqslant 400\text{mm}$、长度大于 3m 时，应按图7.2所示配抗裂钢筋。 图 7.2

条号	通病现象	部位或项目	技术措施
7	裂缝	混凝土梁板	7.9 屋面板、露台板、厨房厕所板以及≤2m的多跨连续单向板均宜设置通长面筋。 7.10 梁腹板高度 h_w≥450mm时，应在梁两侧面设置腰筋，每侧腰筋配筋率 A_s>bh_w/1000，间距不大于200mm，如图7.3所示。 图 7.3　　　　图 7.4 7.11 悬吊于梁下的外墙混凝土装饰板，不论整浇或后浇，均应设置足够的抗裂纵筋，限制裂缝宽度，如图7.4所示。
8	夹渣蜂窝	模板工程	柱、梁柱节点、混凝土墙以及梯板的模板安装均应在其根部预留 100×100(mm)的垃圾出口孔，清除垃圾后再予封孔，防止接口处出现夹渣现象。垃圾出口孔按下列要求留设： （1）柱、梁柱节点每根（处）留一个垃圾孔； （2）楼梯板每跑留一个垃圾孔； （3）混凝土墙每 3m 留一个垃圾孔。
9	施工质量	钢筋工程	9.1 梁二排钢筋固定应符合下列要求： 图 9.1a　　　　图 9.1b （1）一、二排纵筋之间的净距不小于 25mm 和一排纵筋直径的较大者；如箍筋弯勾阻挡二排纵筋位置，应按如图 9.1a、9.1b 或图 9.2b 处理； （2）分隔筋直径不小于 25mm 和纵筋直径的较大者，一、二排纵筋与分隔筋三者必须靠紧，用粗铁丝绑扎；

条号	通病现象	部位或项目	技术措施
9	施工质量	钢筋工程	（3）梁面第一分隔筋距支座 0.5m 处设置，以后每增加 3m 设一处，同一面纵筋每跨不少于 2 处； （4）梁底第一分隔筋距支座 1.5m 处设置，以后每增加 3m 设一处，每跨不少于 2 处。 **9.2 箍筋** 框架梁、柱箍筋应符合下列要求： （1）框架梁、柱箍筋应按图 9.2a 制作；当梁、柱纵筋较密，无法按图 9.2a 制作时，应做成焊接封闭环式箍筋（如图 9.2b 或规范的焊接工艺），不得焊伤箍筋。 图 9.2a　　　　　　图 9.2b （2）梁柱节点箍筋必须按图 9.2a 或焊接封闭环式箍筋制作，并按设计要求的间距加密箍筋。当现场安装有困难时，可在柱每侧设置不少于 1 根 $\phi 12$，钢筋段与节点箍筋点焊制成钢筋笼，随绑扎后的梁筋一齐下沉至设计位置，如图 9.2c、图 9.2d。 图 9.2c　　　　　　图 9.2d **9.3 垫卡、垫块及钢筋保护层** 9.3.1 垫卡及垫块：禁止使用碎石做梁、板、基础等钢筋保护层的垫块。梁、板、柱、墙、基础的钢筋保护层宜优先选用塑料垫卡；当采用砂浆垫块时，强度应不低于 M15，面积不小于 40×40(mm)。梁柱垫块应垫于主筋处，厚度为纵筋保护层厚度减去箍筋直径；基础垫块厚度同基础保护层。垫块上应按图 9.3.1 预留 18# 绑扎固定铁丝。

条号	通病现象	部位或项目	技术措施
9	施工质量	钢筋工程	图 9.3.1 9.3.2 当板面受力钢筋和分布钢筋的直径均小于 10mm 时，应采用图 9.3.2a 所示支架，支架间距为：当采用 $\phi 6$ 分布筋时不大于 500mm，当采用 $\phi 8$ 分布筋时不大于 800mm，支架与受支承钢筋应绑扎牢固。当板面受力钢筋和分布钢筋的直径均不小于 10mm 时，可采用图 9.3.2b 所示马镫作支架。马镫在纵横两个方向的间距均不大于 800mm，并与受支承的钢筋绑扎牢固。当板厚 $h \leqslant 200mm$ 时马镫可用 $\phi 10$ 钢筋制做；当 $200mm \leqslant h \leqslant 300mm$ 时马镫应用 $\phi 12$ 钢筋制做；当 $h > 300mm$ 时，制作马镫的钢筋应适当加大。 图 9.3.2a　　图 9.3.2b (注：h 为模板面至面筋底高度) 9.3.3 应采用增高型的灯头盒和过线盒，保证接线孔下缘至盒的开口面的距离，不小于板底筋直径与规范规定的板筋保护层厚度两者之和。

条号	通病现象	部位或项目	技术措施
10	施工质量	混凝土工程	10.1 楼板、屋面板混凝土浇筑前，必须搭设可靠的施工平台、走道，施工中应派专人护理钢筋，确保钢筋位置符合要求。 10.2 对已浇筑完毕的混凝土养护应符合下列规定： 10.2.1 应在浇筑完毕后的 12h 以内（终凝后）对混凝土加以覆盖和保湿养护： （1）根据气候条件，淋水次数应能使混凝土处于润湿状态。养护用水应与拌制用水相同； （2）用塑料布覆盖养护，应全面将混凝土盖严，并保持塑料布内有凝结水； （3）日平均气温低于 5℃时，不得淋水。 10.2.2 混凝土养护时间应根据所用水泥品种确定： （1）采用硅酸盐水泥、普通硅酸盐水泥或矿渣硅酸盐水泥拌制的混凝土，养护时间不得少于 7d； （2）对掺用缓凝型外加剂或有抗渗性能要求的混凝土养护时间不得少于 14d； 10.2.3 对不便淋水和覆盖养护的，宜涂刷保护层（如薄膜养生液等）养护，减少混凝土内部水分蒸发。 图 10.1a 图 10.1b 10.3 施工缝设置及处理： 　当设计未作要求时，楼屋面施工缝留设位置及表面处理应符合下列规定：（1）留在结构受剪力较小且便于施工的部位。有主次梁的楼板应留在次梁跨度的中间 1/3 范围内； （2）板厚>200mm 时应按图 10.1a 留阶梯缝； （3）板厚≤200mm 时应按图 10.1b 留直缝； （4）进行表面处理时，混凝土强度必须大于 1.2N/mm²；主要处理工作有：清除杂物、水泥薄膜、松动碎石和砂浆凿毛并湿润养护； （5）继续浇筑混凝土时施工缝表面应充分湿润且不得积水。

条号	通病现象	部位或项目	技术措施
11	裂缝	砌块墙材	**11.1 砌块** 砌筑时，普通混凝土小型空心砌块和轻集料混凝土小型空心砌块的龄期不得少于 28d，蒸压加气混凝土砌块的龄期不应少于 15d。 **11.2 砂浆** 蒸压加气混凝土砌块砌筑砂浆的密度不应大于 1800kg/m³，分层度不应大于 20mm，粘结强度（剪切）不应小于 0.2MPa，收缩率不应大于 0.11%。普通混凝土小型空心砌块和轻集料混凝土小型空心砌块砌筑砂浆的密度不应小于 1800kg/m³，分层度不应大于 25mm。 施工时所用的砂浆，宜选用专用的小砌块砌筑砂浆。 **11.3 砌筑方法** 非承重砌体应分次砌筑，每次砌筑高度不应超过 1.5 m。应待前次砌筑砂浆终凝后，再继续砌筑；日砌筑高度不宜大于 2.8m。 非承重砌体顶部应预留空隙，再将其补砌顶紧。墙高小于 3m 时，应待砌体砌筑完毕至少间隔 3d 后补砌；墙高大于 3m 时，应待砌体砌筑完毕至少间隔 5d 后补砌。补砌顶紧可用配套砌块斜顶砌筑，在砌体顶部预留 200 mm 左右空隙，按下图所示方法砌筑。 砌体转角部位　　　　砌体中部 图 11.3
12	地漏返臭	排水地漏	选用水封高度符合规范的产品或加设存水弯，确保水封高度不低于 50mm，避免因水蒸发或气压波动影响隔气效果。
13	管道渗漏	生活、消防给水系统	13.1 根据给水系统的工作压力、水温、敷设场所等情况合理选材，管件应与管材配套。 13.2 必须按《建筑给水排水及采暖工程施工质量验收规范》（GB 50242）进行水压试验。
14	镀锌钢管焊接	生活、消防给水系统	镀锌钢管应采用螺纹、丝扣法兰或卡套式（沟槽式）连接，一般不得采用焊接；若局部确需焊接（包括焊接法兰），应进行二次热浸镀锌处理。

条号	通病现象	部位或项目	技术措施
15	接地支线串接	电源插座	同回路插座间连接的接地（PE）线，严禁串联连接，应采用接线帽或焊锡等可靠的永久连接方式。
16	保护接地（含跨接）不良	金属导管、线槽（母线槽）、桥架及其支架	16.1 非镀锌电缆桥架、线槽间连接板和螺纹连接的金属导管接头的两端跨接接地线应采用截面不小于 4mm^2 的铜芯导线，其中导管、线槽应采用的跨接地线为铜芯软导线。 16.2 接地（含跨接）连接点防松装置齐全、可靠；连接面的涂层应先局部清除，确保接触良好。 16.3 金属导管、线槽（母线槽）、桥架全长应不少于 2 处与接地干线可靠连接；其中母线槽和桥架的支架也应不少于 2 处与接地干线可靠连接。
17	导管的机械、电气连接不良	套接紧定式金属导管	17.1 所选配的导管及接头、紧定螺钉、爪形螺母等连接件应符合《套接紧定式钢导管电线管路施工及验收规程》（CECS120）的要求。 17.2 导管与接头连接时，管端应插到止位环处，紧定螺钉应紧固并拧断钉头。 17.3 导管与箱（盒）连接时，爪形螺母的爪应压紧并刺入箱（盒）壁。
18	接地（含防雷）装置焊接不良	避雷针（带）、均压环、接地干（支）线的型钢	18.1 避雷针（带）、均压环、接地干（支）线焊连接时，圆钢与圆钢、圆钢与扁钢应双面施焊，搭接长度为圆钢直径的 6 倍；扁钢与扁钢应不少于三面施焊，搭接长度为扁钢宽度的 2 倍。 18.2 接头焊缝连续饱满，焊渣清除干净；除埋设在混凝土中的以外，接头应防腐良好。
19	未做防雷接地	屋面金属管道设备防雷接地	19.1 所有屋面金属管道设备应与建筑物防雷系统可靠连接。 19.2 镀锌管道的防雷连接应采用抱箍式连接卡与系统连接。不得直接在镀锌管上焊接。
20	未采用不燃材料及工艺不良	通风空调工程防排烟系统柔性短管	20.1 柔性短管必须为不燃材料。 20.2 短管长度宜为 150~300mm。 20.3 连接处应严密、牢固可靠。

附录3 广东省建设厅关于限制使用人工挖孔灌注桩的通知

（粤建管字[2003]49 号）

广州市建委，各地级以上市建设局，省直有关单位：

人工挖孔灌注桩（以下简称挖孔桩）作为一种传统的成桩施工工艺，具有造价低、所需施工设备简单、成桩直径大、成桩质量容易保证等特点，同时也存在受地质条件限制，工人劳动强度大、危险性高，容易对周边建筑物造成影响等缺点，特别是井下作业环境恶劣，工人随时有可能受到涌水、涌沙、塌方、毒气、触电、高处坠落、物体打击等的安全威胁，已成为一种落后的施工工艺。随着经济发展和社会进步，为严格限制使用并逐步淘汰挖孔桩，采用先进的基础施工技术，改善施工安全环境，现提出如下要求，请遵照执行。

一、挖孔开挖工作面以下，有下列情况之一者，不得使用挖孔桩

（一）地基土中分布有厚度超过 2m 的流塑状泥或厚度超过 4m 的软塑状土；

（二）地下水位以下有层厚超过 2m 的松散、稍密的砂层或层厚超过 3m 的中密、密实砂层；

（三）溶岩地区；

（四）有涌水的地质断裂带；

（五）地下水丰富，采取措施后仍无法避免边抽水边作业；

（六）高压缩性人工杂填土厚度超过 5m；

（七）工作面 3m 以下土层中有腐殖质有机物、煤层等可能存在有毒气体的土层；

（八）孔深超过 25m 或桩径小于 1.2m；

（九）没有可靠的安全措施，可能对周围建（构）筑物、道路、管线等造成危害。

二、采用挖孔桩时，应符合以下规定和承担风险责任

（一）由建设单位会同勘察设计单位向县级以上建设行政主管部门提出书面申请和相关资料（含可行性报告）；

（二）施工单位向建设工程施工安全监督机构报监时，须附上挖孔桩专项施工方案和紧急情况应急处理措施，以及施工人员的意外伤害保险保单凭证，该方案由施工企业根据工程实际和现行相关施工规范、操作规程、工程建设标准强制性条文等编制，详细列明施工安全的各项措施、教育、检查制度以及施工机具清单等；

（三）监理单位必须编写专项监理方案，并严格实行旁站监理；

（四）建设工程施工安全监督机构要严格按照专项监督计划加强监督；

（五）建设、勘察、设计、施工、监理等有关责任单位（部门）必须承担因挖孔桩施工对周边环境影响而产生一切未能预见风险的相应责任。

三、挖孔桩的设计和施工必须严格执行现行国家、行业或地方标准等的有关规定，并符合以下要求

（一）护壁必须由设计单位设计，护壁厚度不得小于150mm；护壁混凝土强度等级不得低于C20；

（二）采用混凝土护壁时，每天掘进深度不得大于1m；

（三）护壁混凝土不得人工拌合，每节护壁均须由监理单位验收；

（四）孔内作业时，上下井必须有可靠安全保障措施，严禁乘坐吊桶上下；须配备通信设备（如对讲机）保证上下通讯畅顺。施工中应有可靠通风措施，同时应配备有毒气检验测仪器，定时进行气体检测；

（五）禁止孔内边抽水边作业；

（六）孔口和孔壁附着物（包括不到孔底的钢筋笼、串筒、钢爬梯、水管风管等）必须固定牢靠；

（七）对周围建（构）筑物、道路、管线等应定期进行变形观测，并做好记录。发现异常情况，必须立即停止作业，并采取相应的补救措施。

各级建设行政主管部门应对本地区限制使用挖孔桩的执行情况加强监督检查，对违反上述规定的责任单位，依法进行查处。

2003 年 5 月 7 日

附录4　深圳市深基坑工程管理规定

第一章　总　则

第一条　为了加强深基坑工程管理，确保深基坑和相邻建（构）筑物、道路、地下管线等的安全，依据《中华人民共和国建筑法》、《建设工程安全生产管理条例》、《建设工程质量管理条例》等法律、法规及相关技术标准，结合本市实际，制定本规定。

第二条　本规定适用于本市深基坑工程建设、勘察、设计、施工、监理、监测及监督管理。

深基坑工程建设包括工程勘察、支护结构设计及施工、土方开挖、地下水控制、基坑及相邻设施监测等项目。

第三条　本规定所称深基坑，是指开挖深度超过5米（含5米）或者深度虽未超过5米，但地质条件和相邻设施较复杂的建设工程基坑。

本规定所称相邻设施是指深基坑施工可能影响到的相邻在建和已建建（构）筑物、道路、地下管线等。

第二章　建设单位责任

第四条　建设单位是深基坑工程质量安全第一责任人。建设单位应当督促各有关责任单位履行职责，并做好统筹协调工作。

第五条　鼓励深基坑工程实行设计施工一体化。

建设单位可以将深基坑工程的设计和施工一次性发包给承包单位；承包单位应当同时具备工程等级要求的岩土工程设计资质和地基基础工程施工资质。

第六条　深基坑工程的招标投标，不宜采用经评审的最低投标价法评标。技术标评审专家应当具有注册土木（岩土）工程师或者岩土工程相关专业高级工程师以上资格。

建设单位不得要求设计、施工单位以低于成本的价格投标，不得压缩合理工期，不得以降低工程质量、安全作为降低工程造价的条件，不得减少施工过程中的监测项目。

第七条　建设单位在办理含有深基坑工程的施工许可手续前，应当从市建设局公布的专家库中抽取评审专家组成专家组，对深基坑工程的设计方案和施工方案进行评审。

深基坑安全等级为一级的，评审专家不少于7人；深基坑安全等级为二、三级的，评审专家不少于5人；专家组成员不得与该工程各方主体有利害关系。

专家组应当对方案认真论证，对评审结果承担责任。专家组完成评审后应当出具由评审专家签名的书面论证意见书。建设单位应根据评审专家的意见督促相关单位修改设计、施工方案。

施工过程中涉及重要的设计方案和施工方案变更的，应当通过评审专家评审。

第八条　工程勘察前，建设单位应当对相邻设施的现状进行调查，并将调查资料（包括基坑周边建筑物基础、结构型式、地下管线分布图）提供给勘察、设计、施工、监理和监测单位。

调查范围应当根据地质条件和相邻设施情况确定。一般情况下，调查范围应当自基坑顶边线起向外延伸相当于基坑开挖深度3倍的距离。

第九条　施工前，建设单位可以邀请相邻设施业主委员会、业主或者物业管理单位，介绍设计、施工方案和施工可能产生的影响，征求业主委员会、业主或者物业管理单位的意见。

对可能受到影响的相邻设施，建设单位应当组织业主委员会、业主或者物业管理单位共同对可能受到影响或者可能发生争议的事项做好纪录，拍摄影像资料。建设单位应当委托具备相应资质的设计、施工单位制定并实施保护措施。

当深基坑周边有燃气管道时，建设单位和施工单位应当与燃气管道经营企业签订施工现场燃气管道及设施安全保护协议。

第十条　建设单位应当组织有关责任单位联合编制符合工程特点、切实可行的深基坑工程施工安全应急预案，对安全等级为一级的深基坑工程，应当组织相关单位进行应急演练。

施工过程中，建设单位应当配备专人，会同监理、施工单位对深基坑和相邻设施进行巡查。发生质量安全事故或者出现严重威胁相邻设施安全的险情时，必须迅速启动应急预案，采取措施控制事态发展。

施工造成相邻设施损毁的，建设单位应当及时召集相关单位进行处理。

对于施工过程中所产生的余泥渣土，建设单位应当依法处理，并督促施工单位组织运输企业按照相关规定及时处理。

第十一条 建设单位应当委托具备相应资质的第三方监测单位对深基坑工程和相邻设施进行监测。当监测数据达到控制值时，各方责任主体应当分析原因、提出措施，并由建设单位从市建设局公布的专家库中组织相关专家进行评估，根据评估结果采取相应措施。

建设单位应当积极推广信息化监控系统，运用远程监控及报警系统，进行自动监测、动态分析、分级报警，提高预警预控能力。

第十二条 深基坑工程不能及时完成，暴露时间超过支护设计规定使用期限的，建设单位应当委托设计单位进行复核，并采取相应措施。

因工程停工，深基坑工程超过支护设计规定使用期1年以上的，建设单位应当采取回填措施。拒不回填的，建设行政主管部门代为回填，所需费用由建设单位承担；需重新开挖深基坑的，建设单位应当重新组织设计、施工。

建设单位未组织采取措施而发生事故的，应当承担主要责任。

第三章 勘察单位责任

第十三条 勘察单位编制的勘察方案、勘察过程、勘察报告必须满足深基坑工程设计和施工的要求。

勘察点数量、布置、勘测深度、勘察指标和精确度必须符合标准规范的规定。

勘察报告应当对支护结构的选型、地下水控制方法、基坑施工对相邻设施的影响、现场监测的项目、开挖过程中应当注意的问题及防治措施提出意见和建议。

第十四条 勘察单位应当做好技术交底、信息沟通工作，定期到工地现场进行查勘，发现场地和周边地质情况与勘察报告不相符时，应当立即进行复查，提出处理措施和解决方案。

勘察单位应当协助处理施工过程中出现的质量安全问题，并参加深基坑工程的验收。

第四章 设计单位责任

第十五条 设计单位应当具有相应的岩土工程设计资质。设计人员应当具有岩土工程专业工程师以上资格。深基坑工程设计文件应当加盖设计单位图章和注册土木（岩土）工程师执业章。

当支护结构作为主体结构的一部分时，设计文件应当经负责主体结构设计的注册结构工程师审核并加盖注册结构工程师执业章。

第十六条 设计单位应当在充分掌握相邻设施信息的基础上，根据地质条件和施工条件，确定深基坑工程设计方案，确保深基坑安全和相邻设施安全。

设计单位在深基坑工程设计时，应当充分考虑台风、暴雨、周边动静荷载及基础施工对基坑安全的影响。

设计单位应当充分考虑基坑使用期限，并结合工程复杂性适当提高安全系数。

第十七条 设计方案应当包括下列内容：基坑工程安全等级，基坑正常使用期限，基坑结构及重要相邻设施变形允许值和预警值，相邻设施保护措施，基坑周围地面允许荷载，基坑内外地表水排放系统，地下水位控制、支护结构施工，土方开挖深度，基本试验、检测要求和监测项目等。

设计方案应当按照本规定第七条要求的程序进行审查。设计单位应当落实评审专家提出的修改意见，并出具落实情况书面说明。

第十八条 基坑支护形式采用锚杆支护的，当锚杆需伸入相邻建筑基础或者地基时，设计方案应当经相邻建筑业主委员会或者业主认可。业主委员会或者业主不认可的，建设单位应当变更相应的设计和施工方案。

第十九条 设计单位应当参与施工方案和监测方案的审查，并根据最终确定的施工方案及现场反馈的信息全面复核设计方案。

第二十条 设计单位应当和施工单位密切配合，加强信息沟通。施工现场的环境条件不能满足设计要求的，设计单位应当调整设计，确保施工安全。

施工过程中，设计单位应当结合实际的施工场地布置、施工工况和作业流程复核支护结构的安全性。

第二十一条 当基坑周边有对地下水位变化敏感的相邻设施时，应当采用封闭截水措施，并在基坑土方开挖前对截水质量和效果进行检验。

采用降水措施的深基坑工程，应当慎重考虑降水对相邻设施产生的影响，并根据需要采取有效的监控及回灌措施。

第二十二条 有以下情况之一的深基坑工程，不宜采用土钉墙或者复合土钉墙支护形式：

（一）土质为淤泥、淤泥质土、松散填土、松散砂层的；

（二）距基坑边缘 2 倍开挖深度范围内有浅基础建筑物或者其他对变形有严格要求的相邻设施的；

（三）安全等级为一、二级的深基坑工程。

第二十三条 深基坑工程采用与主体结构相结合的支护形式的，设计时还应当结合工程建筑设计和结构设计文件资料，并考虑支护结构和主体结构基础沉降的适应性。

第二十四条 施工过程中，设计单位应当进入现场对重要部位的施工提出指导意见，并就是否符合设计要求进行抽查。安全等级为一级的深基坑，设计单位应当指派专人参加每周例会，及时处理相应的设计问题。

设计单位应当随时掌握基坑及相邻设施监测情况，当施工过程中出现异常情况或者监测值达到预警值时，应当分析原因，对原设计进行重新验算或者评估，并根据情况采取相应措施。

第五章 施工单位责任

第二十五条 单独承包深基坑工程的施工单位应当具有相应的地基基础工程施工资质。施工单位项目技术负责人应当具有中级（含中级）以上岩土工程专业技术职称。

第二十六条 施工单位应当根据设计方案，针对不同施工状况编制详细可行的施工方案。

施工单位应当按照本规定第七条的要求，根据评审结论修正、完善施工方案，并经施工单位技术负责人和项目总监理工程师批准后组织实施。

施工方案应当包括下列内容：具体施工方法，人、机、料组织保障，土方开挖及运输方案，地面堆载、地表水、地下水控制措施，相邻设施的保护、监控措施，出现异常或者险情时的应急措施等。

第二十七条 施工单位应当严格按照审查通过的设计方案、施工方案和技术规范的要求进行施工。应当注意开挖深度和支护时间的关系，及时施工支护结构。严禁超挖，严禁基坑周边堆载超过设计允许荷载值，严禁锚杆在未检验和未锁定的情况下开挖下层土方。

对于施工过程中产生的余泥渣土，施工单位应当按照施工方案中所确定的土方开挖及运输方案要求，及时组织符合条件的运输车辆按照相关规定处理，并保证车容整洁。

第二十八条 深基坑工程实行信息化施工方法。

施工单位应当随时观察和掌握降水过程、支护结构施工、土方开挖、基础施工等各阶段对基坑及相邻设施的影响。当发现支护结构、相邻设施或者地质条件出现重大异常情况时，应当及时报告各有关单位和工程质量安全监督机构，并采取必要的应急措施；当发生事故时，应当立即报告建设行政主管部门和工程质量安全监督机构。

第二十九条 施工单位应当保护好所有的监测点，做好监测工作，并积极配合监测单位的监测。

施工单位应当配备专人 24 小时值班，对相邻设施和基坑变化情况进行巡查，并做好巡查记录。

第六章　监测单位责任

第三十条　监测单位应当具备岩土工程监测资质。监测单位不得与深基坑工程的施工单位有隶属关系。

第三十一条　监测单位应当根据设计方案和技术标准的要求，针对深基坑特点和相邻设施现状，制定监测方案。监测方案应当经过设计单位和监理单位确认。

监测方案应当包括下列内容：监测项目、监测点布置、监测频率、监测结果分析和监测信息反馈等。

监测项目应当齐全，监测范围应当覆盖基坑开挖所有影响面，监测点布置科学合理，数量足够，监测频率满足要求，监测数据真实全面。

第三十二条　监测工作应当从基坑开挖前开始，至基坑回填后结束。

当遇到雨天或者实测变形接近预警值时，应当增加监测频率。

深基坑工程不能及时完成，暴露时间超过支护设计规定使用期限的，应当根据具体情况制定和实施暴露期间的监测方案。

第三十三条　监测单位应当及时向相关单位提供监测报告。监测报告应当包括下列内容：监测数据表、典型测点的时间、变形曲线图和监测结果分析。

当基坑监测数据出现异常或者监测值达到预警值时，应当及时向相关单位报告。

第七章　监理单位责任

第三十四条　监理单位应当根据技术标准、设计方案、施工方案、监测方案等，针对深基坑工程的不同特点，制定监理方案。

监理方案应当明确旁站监理部位和施工环节。

第三十五条　监理单位应当建立重要部位和重要施工环节的检查审核制度。

土方开挖前应当进行开挖条件审核。开挖条件包括：具备合法的基坑工程施工图，经审查的施工方案，基坑监测方案已经开始实施，已完成的支护结构检测合格，截水排水检查或者检测合格等。土方开挖过程中，必须对开挖深度和支护时间等关键点进行控制。

第三十六条　监理单位应当对施工方案及监测方案进行实质性审查，核对各项施工数据和监测数据的真实性，并严格监督方案的实施。

第三十七条　监理单位应当按照监理方案的要求实行旁站监理，严格检查施工各个环节的工程质量和施工安全，做好日常检查记录。发现质量安全问题时，应当立即签发整改通知书，并对整改全过程进行跟踪，直至问题处理完毕。

第三十八条 监理单位应当对各有关单位的信息化施工进行协调，及时向相关单位和工程质量安全监督机构报送有关施工信息。施工信息的报送，正常情况下实行周报，出现险情时实行快报和日报。

第三十九条 深基坑开挖完毕，监理单位应当及时组织相关单位对深基坑工程进行中间验收，并通知工程质量安全监督机构对验收过程进行监督。验收通过后，应当督促施工企业尽快完成基础工程施工及基坑的土方回填工作。

第八章 监督管理

第四十条 建设行政主管部门应当加强对深基坑工程的监管，加强开工前提条件审查。对没有按规定通过设计施工方案审查，没有落实质量安全措施的，不予颁发施工许可证。

建设行政主管部门可以委托工程质量安全监督机构对深基坑工程的质量安全措施进行审查。

第四十一条 市建设行政主管部门应当加强对深基坑工程评审专家的管理，定期公布评审专家名录。对于不能有效履行评审职责的，应当及时清退出专家库。

评审专家管理办法由市建设行政主管部门另行制定。

第四十二条 工程质量安全监督机构应当组织评审专家对深基坑工程设计和施工方案进行抽查，对于不满足质量安全要求的，应当及时告知市、区建设行政主管部门。在施工过程中，工程质量安全监督机构可以根据需要，组织专家对深基坑工程的施工现状进行安全评估。

第四十三条 工程质量安全监督机构应当加强深基坑工程质量安全监督，建立监督档案，掌握深基坑和相邻设施安全动态。发现危险基坑时，应当立即采取措施，责令相关单位及时消除安全隐患。

工程质量安全监督机构应当加强服务，采取预防措施，确保深基坑工程的质量安全。

第九章 附 则

第四十四条 深基坑工程建设除执行本规定外，还应当执行相关法律、法规及工程建设强制性标准。

第四十五条 本规定自公布之日起施行，有效期5年。

附录5 深圳市商品住宅建筑质量逐套检验指引

（2010年8月版）

根据住建部《关于做好住宅工程质量分户验收工作的通知》（建质[2009] 291 号）文件精神及深圳市建设局《深圳市商品住宅建筑质量逐套检验管理规定（试行）》（深建字[2006] 187 号）、深圳市住宅和建设局《深圳市建设工程安全质量整治行动措施》（深建字[2010] 19 号）的要求，深圳市建设工程质量监督机构根据一定时期内本市住宅建筑工程中常见的质量缺陷和工程建设标准强制性条文，定期公布《深圳市商品住宅建筑质量逐套检验指引》。近两年来，随着房地产市场的发展，以全装修形式交付的项目开始出现，为了使逐套检验工作适应建筑市场需要更具针对性，尤其在保障性住房中全面推行分户验收制度，把逐套检验工作落到实处，提高住宅工程结构安全和使用功能质量，促进提高住宅工程质量总体水平，深圳市建设工程质量监督总站根据一段时间以来深圳地区商品住宅验收交楼的实际情况进行了比较系统的总结，并结合质量投诉经常出现的问题，吸收了郑州、上海、南京、重庆等地的经验，广泛征求了各方责任主体的实际操作意见，制定了《深圳市商品住宅建筑质量逐套检验工作指引》（2010 年 8 月版），现向社会予以公布。

《深圳市商品住宅建筑质量逐套检验工作指引》（2010 年 8 月版）增加了针对住宅建筑内部全装修的逐套检验项目、以验收通过的样板房为逐套检验实体标准的模式、初验阶段质量监督机构在场监督建设单位组织进行逐套检验结果核查的要求、引入物业管理单位及购房业主有条件的情况下介入逐套检验工作、建设单位应在施工和销售现场对逐套检验相关信息进行公示等 6 项内容，继续坚持执行竣工验收阶段质量监督机构抽样核查的监督程序。

强力推行以样板件（如分项工程贴瓷砖、抹灰、开关插座等）、样板间（如分部工程燃气样板间及水电样板间）、样板房(以户型逐套检验样板房)为实体标准的施工及验收制度，施工企业按施工进度计划进行样板件、样板间、样板房的施工及验收，验收合格方可大面积推广施工。商品住宅建筑质量各方责任主体（单位）应结合工程设计文件及合同约定实际情况根据本指引制定逐套检验方案进行逐套检验工作：

一、商品住宅建筑质量逐套检验的定义及全装修概念

商品住宅建筑质量逐套检验是指建设单位组织施工、监理等单位，在住宅工程各检验批、分项、分部工程验收合格的基础上，在商品住宅工程竣工验收前，依据国家有关工程质量验收标准，对每户住宅及相关公共部位的观感质量和使用功能等进行检验，并出具检

验合格证明的活动。

建设单位要按照有关规定，组织设计、施工、监理等有关单位进行商品住宅建筑质量逐套检验，对于经检查不符合要求的，施工单位应及时进行返修，监理单位负责复查；初验时质量监督机构在场监督建设单位按照有关规定，组织设计、施工、监理、物业、购房人等有关单位进行逐套检验结果复核；竣工验收时监督机构必须监督抽查不少于 3%总套数的资料及实体质量（保障性住房监督抽查不少于 5%）；具备前期物业管理公司的物业公司必须派员参加逐套检验工作；条件具备的工程项目业主可介入逐套检验工作全过程。逐套检验内容应包含相关设计变更内容及房屋销售合同中规定的其他内容。

住宅建筑内部全装修指新建住宅建筑在交付使用前套内所有功能空间及住宅公共部分的走廊、门厅、楼梯间、电梯间的装饰装修完成，套内管线、厨房和卫生间的基本设备全部安装到位。

二、商品住宅建筑质量逐套检验方案的内容

（一）确定具体检验及实测实量的项目、数量，并参照各附表制定相应的《检验记录表》内容；

（二）在各套型户内标注具体检验及实测实量项目的检查部位（毛坯房应用油漆在检验部位标识，全装修住宅应用不干胶纸粘贴在检验部位标识）；

（三）绘制与具体实测实量项目的检查部位相对应的检查点分布图；

（四）检查工具型号、数量；

（五）逐套检验小组工作人员构成及检验日程；

（六）逐套检验不合格项的整改处理措施；

（七）逐套检验方案由逐套检验小组编制，建设单位技术负责人审批。

三、商品住宅建筑质量检验应包含但不限于以下（内容）项目

（带"*"标记的项目为毛坯房的必检项目，缺项的可在检验记录表中载明）：

（一）建筑几何尺寸

1. 室内净高（实测）；2. *室内净空尺寸（实测）；3. *门窗洞口尺寸（实测）。

（二）建筑使用安全防护措施及防水工程质量（实测、观察）

1. *玻璃或金属栏杆的材质、构造、锈蚀、高度（查看证明文件、观察、实测）；2. *低窗、凸窗防护措施（实测）；3. *落地玻璃（门窗）防护措施（实测或观察）；4. *推拉窗扇防脱落措施（观察）；5. *悬开窗限位装置（观察）；6. *消防通道宽度、楼梯宽度及尺寸（实测）；7. *厨房渗漏（观察）；8. *卫生间渗漏（观察）；9. *屋面渗漏、积水（观察）；10. *外窗、外墙（穿墙管）渗漏（观察）。

（三）天花、地面、墙面工程质量

l. *天花装修材料材质是否符合设计及合同要求（观察、查看证明文件）；2. 天花[*毛坯天花观感；涂饰天花观感；其他类型（石膏板、扣板）天花观感（观察）；（石膏板、扣板）天花平整度、接缝直线度、接缝高低差（实测）]；3. *墙面（含外墙）装修材料材质是否符合设计及合同要求（观察、查看证明文件）；4. 墙面[*毛坯墙面观感、空鼓、开裂；涂饰墙面观感、饰面砖（板）墙面观感及空鼓；其他类型墙面观感（观察）、墙面垂直度、平整度（实测）]；5. *地面装修材料材质是否符合设计及合同要求（观察、查看证明文件）；6. 地面[*毛坯地面面层质量、空鼓、开裂；饰面砖（板）地面观感、木地板地面观感（观察）、饰面砖（板）地面空鼓（实测）、地面平整、拼缝平直、相邻板材高低差（实测）]。

（四）门窗安装及细部工程质量

1. *入户（户内）门材质是否符合设计及合同要求（观察、查看证明文件）；*门框（扇）安装质量(观察)；*门五金配件、密封胶（条）安装质量（观察）；*门表面观感质量（观察）；*门扇与门框及地面间留缝（实测）；2. *窗材质是否符合设计及合同要求（观察、查看证明文件）；*窗安装质量（观察）；*窗五金配件安装质量(观察)；*窗玻璃、密封胶（条）安装质量（观察）；3. 橱柜、室内隔断安装质量（观察）；4. 其他室内固定家具安装质量（观察）。

土建专业尚应检查屋面、公共部位、地下室、室外工程质量情况。

（五）通风及给排水系统安装质量

*1. 管道穿楼板、墙的套管及其洞封堵；2. 卫生器具满水和通水试验、*试水龙头通水、洁具及配件节水措施；3. 卫生器具接口严密性、安装高度及牢固性、不得用排水软管；*4. 厨房、卫生间分别排水、阳台排水、横管坡度（实测）、PVC 立管阻火圈、伸缩节；*5. 淋浴、洗衣机地漏、卫生器具存水弯、水封深度（实测）；*6. 厨房排风机预留位置；竖向风道防回流措施；*7. 卫生间排风机预留位置；*8. 空调管道出外墙预留洞。

（六）室内电气工程安装质量

*1. 户箱进、出线截面；*2. 多股线头烫锡、剪芯；*3. 开关、插座接线（实测，3~5处）；*4. 卫生间局部等电位；5. 电视、电话、网络线路敷设及插座安装；6. 对讲及防盗报警；7. 灯具接地；8. 送电试验。

（七）*燃气工程安装质量

1. 燃气阀门、调压器、计量表；2. 管道穿墙、楼板施工；3. 热水器安装使用条件；4. 燃气安全监控系统是否满足设计要求；5. 燃气留头、燃气计量表与燃气器具的距离（实测）；6. 燃气设施与电气设施的间距（实测）；7. 橱柜通风情况（全装修）；8. 是否存在房屋功能改变影响燃气安全使用（全装修）。

（八）其他规定、标准中要求逐套检查的内容

1. *现浇混凝土外观缺陷经处理的部位；2. *质量监督过程中发现观感质量和使用功能

质量须责令整改的内容；3.*民用建筑室内环境检测（查验检测报告）；4. 装饰装修材料燃烧性能检验（查看证明文件）；5.*厨房、卫生间地面蓄水试验记录（查看证明文件）；6.*外墙雨水渗漏性能检验记录（查看证明文件）；7.*有关合同中规定的其他内容。

四、商品住宅建筑质量逐套检验推荐表格（一至九）（附表略）

五、商品住宅建筑质量逐套检验操作说明

（一）建设单位是按照商品住宅质量逐套检验工作组织实施与管理的责任主体，应对各项检验项目、检验结论的真实性负责，在交房时或在保修期内如业主对逐套检验结果有异议时应由建设单位负责解释、解决。逐套检验工作开始前建设单位应按照商品房预售合同相关条款及设计、施工规范要求提前施工逐套检验交楼样板房。样板房用于逐套检验时的参照和比对。样板房施工完成后由监理单位组织各相关单位进行验收，监督机构相关监督人员到场监督。样板房在合同约定的交房日期后至少保留一个月。

（二）逐套检验由施工单位提出申请，建设单位组织实施，由商品住宅建筑质量各方责任主体（单位）组成逐套检验小组，人员应包括：建设单位项目负责人（或项目技术负责人）、施工单位项目经理、监理单位项目总监及各专业监理工程师、依照合同约定应当参加逐套检验的设计单位，已经预选物业管理公司的项目，物业管理公司应当委派专业人士参加，条件具备的工程项目业主可介入逐套检验工作全过程。建设单位应在施工和销售现场对逐套检验相关信息进行公示，公示的内容应包括:《深圳市商品住宅建筑质量逐套检验管理规定（试行）》、《深圳市商品住宅建筑质量逐套检验指引》、《本项目住宅建筑质量逐套检验方案》及其他与逐套检验相关的内容。施工现场公示时限是：逐套检验工作开始前十天至工程竣工验收合格。销售现场公示时限是：逐套检验工作开始前十天至销售结束。

（三）商品住宅建筑质量各方责任主体（单位）结合工程实际情况制定商品住宅建筑质量逐套检验方案，完成商品住宅建筑质量逐套检验全部工作后方可进入竣工验收程序。全装修商品住宅工程的装修施工图设计文件宜在主体结构封顶前完成，并经原设计单位及施工图审查机构审查合格后方可实施，当设计内容涉及结构和主要使用功能变更时应办理施工图变更审查程序。

商品住宅内部装修和初装修应做好工序上的交接，在初装修各项检验结果合格的前提下进行内部装修施工。全装修商品住宅工程在装修工程施工前应对室内装修基层、空间尺寸、外窗及管道渗漏情况、设备预埋管线等进行逐套的交接验收[对外墙、外窗、厨房、卫生间等容易产生渗漏水的部位应采用外墙（窗）淋水、厨、卫间地面蓄水进行检查]，监督机构相关监督人员到场监督，并形成书面的交接验收意见。

商品住宅逐套检验工作条件成熟即可按规定程序开展，以便于尽早发现问题，尽早整改，减轻后期竣工验收阶段压力。

（四）在逐套检验工作开始前应向质量监督机构报送一套完整的逐套检验资料样板备案。资料中应包括样板件、样板间、样板房验收合格记录，商品住宅内部装修建筑质量逐套检验方案、户型汇总表、户型检查布点示意图、检查记录表、检查结果汇总表、商品住宅建筑质量合格证明等。此样板资料将作为监督单位监督核查的依据（逐套检验资料中检查数据及结果的填写不应采用手写形式）。

（五）建设、施工、监理等单位应严格履行逐套检验职责，对逐套检验的结论进行签认，不得简化逐套检验程序。逐套检验小组发现检验结果不符合规范或设计文件等其他合同规定要求的，应书面责成施工单位整改，监理单位负责复查，整改与复查情况应记入《检验记录表》，整改完成后重新组织分户验收。经整改后仍不符合规范或设计文件要求时，应当按《建筑工程施工质量验收统一标准》的有关规定处理，并在《检验记录表》上载明。

（六）土建专业实测数据

1. 房间净高，每个房间不少于 5 处（客厅及与之相连的餐厅等按一间考虑，卫生间等地面有坡度的房间可不测），每处测 3 次，取最小值；

2. 房间平面尺寸，每个房间长宽各不少于 2 处，每处测 3 次，取最小值；

3. 消防通道及楼梯尺寸为该套房所在楼层的数据，核查点数各不少于 3 处；

4. 换算设计尺寸（如房间净高、房间平面尺寸），推算允许偏差最大值（上述推算值和允许偏差要求按照施工图及施工验收规范，附说明计算过程，作为《检验记录表》的附页）、标明实测位置（方案、附图、表格、实体应一致）并在现场实测位置旁边标注出实测结果；

5. 毛坯房应用油漆在检验部位标识，全装修住宅应用不干胶纸粘贴在检验部位标识（如房间净高用符号 H 加序号表示；房间净空尺寸用符号 L 加序号表示；门窗洞口尺寸用符号 DK 加序号表示；低窗护栏高度用符号 HL 加序号表示；阳台栏杆高度用符号 LG 加序号表示；墙面平整度用符号 PZ 加序号表示；墙面垂直度用符号 CZ 加序号表示等）。

（七）土建专业检测及证据资料

1. 外窗三性报告；

2. 室内环境污染检测报告；

3. 厨房、卫生间地面蓄水试验记录；

4. 外墙雨水渗漏性能或外墙（外窗）淋水试验记录；

5. 外墙饰面砖粘结强度报告；

6. 装修材料材质检验报告；

7. 装修材料燃烧性能检验报告；

8. 质量监督过程中发现观感质量和使用功能质量须责令整改的整改回复书；

9. 现浇混凝土外观缺陷经处理的记录；

10. 建筑节能方面的相关内容等。

（八）给排水专业按规范要求检查以下项目

1. 检查管道穿楼板、墙洞的套管有无用防火材料封堵严密；

2. 卫生器具和配件是否采用节水型产品，不得使用一次冲水量大于 6L 的坐便器；开试水龙头检查通水情况，观察水压是否正常；

3. 开龙头放水观察卫生器具的排水管道接口有无渗漏；检查洁具安装高度及牢固性，洁具排水支管不得使用排水软管；

4. 厨房、卫生间不应共用一根排水立管，应分别设置；禁止阳台排水进入市政雨水管道系统，应排入污水系统，禁止阳台排水地漏支管与建筑屋面雨水排水管道连接；排水横管的坡度应满足规范要求，不得使用底平的偏心大小头；高层建筑中明设排水 PVC 管应设置阻火圈或防火套管；排水 PVC 管应按设计要求及位置装伸缩节，设计无要求时，伸缩节间距不得大于 4m；

5. 淋浴、洗衣机地漏、卫生器具需设存水弯，其水封深度不得小于 50mm，地漏灌水后用尺测量水封高度；

6. 风机位置或设置排烟风道；厨房风道入口应设置止回阀，或风道本身具有防回流结构；

7. 卫生间应预留排风机位置；

8. 分体空调管道出外墙应预留洞。

（九）电气专业按规范要求检查以下项目

1. 合上电闸，检查通电。灯具是否能被点亮，开关是否能正常通断，同一建筑物开关的开断方向是否一致；

2. 配电箱检查导线，电源进线截面不得小于 $10mm^2$、出线截面不得小于 $2.5mm^2$，多股导线线头是否进行拧紧烫锡处理，多股导线不得断股、减小截面积；检查户配箱的 N 排和 PE 排，每个安装孔应适合相应导线的截面，且不应连接超过 2 根导线，导线压接牢固可靠；

3. 检查户内配电箱的漏电开关动作是否正常。手动按下试验按钮，漏电开关动作切断电源；重合闸后，使用漏电检测仪在户内任意插座上进行漏电动作电流及动作时间测试试验，小于等于 30mA/0.1s 即合格；

4. 拆开开关，用试电笔检查其是否控制相线；拆开插座，其地线不得串接，导线 T 接头应缠绕紧密可靠，圈数不得少于 5 圈；拆开灯具的面板，检查灯具接地线是否接入灯具或预留到位；

5. 打开卫生间等电位盒检查是否预留或连接到位；

6. 弱电系统检查电视、电话、网络的线路敷设及其插座面板的安装；

7. 检查门禁对讲及防盗报警系统是否安装，是否达到使用功能。

（十）燃气专业按规范要求检查以下项目

1. 燃气阀门、调压器、计量表；检查燃气设备外表面有无明显损伤，是否方便操作及更换，室外安装的计量表是否安装在防护箱内（目测）；

2. 管道穿墙、楼板施工；检查套管长度、热收缩套施工及套管封堵情况（目测）；

3. 热水器安装使用条件；检查热水器水、电、气、排烟洞是否配套、安装位置是否合适（目测）；

4. 燃气安全监控系统；检查燃气安全监控系统是否满足设计要求（目测）；

5. 燃气留头、燃气计量表与燃烧器具的距离（全数/套）；观察和用尺测量燃气留头、燃气计量表与燃烧器具的距离；

6. 燃气设施与电气设施的间距（全数/套）；观察和用尺测量燃气设施与电气设施的距离；

7. 橱柜通风情况；检查橱柜通风情况是否良好（目测）；

8. 是否存在房屋功能改变影响燃气的安全使用；检查厨房、卫生间、阳台等是否因改变功能而影响燃气的安全使用（目测）。

（十一）逐套检验小组按照已制定的方案对工程进行逐套检验。逐套检验的检查、测量与操作应当按照国家、省、市建筑工程施工质量验收规范的规定进行。测量工具：建筑几何尺寸应采用激光测距仪测量、其余实测项目测量工具应符合《建筑装饰装修工程质量验收规范》要求。测量工具应经计量标定合格。

《建筑工程施工质量验收规范》规定的施工质量要求是对建筑工程质量的最低要求。鉴于各个项目合同约定不尽相同，所以实测实量项目的允许偏差本指引不给出具体数值。

（十二）工程竣工验收前，施工单位应制作工程标牌，将工程名称、竣工日期和建设、勘察、设计、施工、监理单位全称镶嵌在该建筑工程外墙的显著部位。

（十三）竣工验收仍按《建筑工程施工质量验收统一标准》等国家技术标准及法定程序进行；不可因逐套检验而遗漏公共部分的竣工验收内容。

六、商品住宅建筑质量逐套检验的核查

（一）商品住宅工程初验时，建设单位组织的验收小组应从所有商品房中随机抽取一定的套数对逐套检验的结果进行复核，抽取比例由验收小组确定。质量监督人员对验收小组的复核进行现场监督。在验收小组抽取的房号基础上质量监督人员可再随机增加一定的核查数量，发现问题及时监督有关方面认真整改，确保逐套检验工作质量。

（二）由建设单位组织的逐套检验全部合格后，在竣工验收前各方责任主体应填写《商品住宅建筑质量逐套检验监督申请表》及《住宅建筑常见质量通病检查报告》向质量监督机构申请监督核查。

（三）商品住宅工程竣工验收时，质量监督机构竣工验收监督小组应从所有商品房中随机抽取一定的套数对逐套检验的结果进行复核。抽查比例为总套数的 3%，且不少于 5 户，总套数在 100 套以下的不少于 3 户；不排除质量监督机构视具体情况再随机增加一定的核查数量；保障性住房必须监督抽查不少于 5%总套数的资料及实体质量；竣工验收时监督机构可以根据实际情况外聘专家参与商品住宅建筑质量逐套检验抽样核查的监督工作。

（四）商品住宅内部装修建筑质量逐套检验监督核查工作中发现各方责任（主体）单位未按照逐套检验方案及相关规范要求进行检验、弄虚作假、降低标准或将不合格工程按照合格工程验收的，各方责任主体应作出合理解释，否则终止竣工验收程序，待问题处理完毕后重新申请。

（五）监督核查中发现各方责任（主体）单位在商品住宅建筑质量逐套检验工作中有违法违规及违反强制性条文的情形，将按相关法律法规及《深圳市建筑市场主体不良行为记录公示与处理办法（试行）》、《深圳市建筑业企业信用管理办法（试行）》、《深圳市建设工程安全质量整治行动措施》进行处理。

附表：住宅工程质量逐套检验记录表（一）~（九）

附件：1.《关于做好住宅工程质量分户验收工作的通知》（建质[2009] 291 号）；

2.《深圳市商品住宅建筑质量逐套检验管理规定（试行）》（深建字[2006] 187 号）

（附表和附件略）

深圳市建设工程质量监督总站

2010 年 8 月 16 日

附录6 广东省房屋建筑工程质量样板引路工作指引（试行）

一、实行房屋建筑工程质量样板引路的目的

当前，建筑施工一线作业人员操作不规范，技能水平不高，采取口头、文字等方式进行技术交底和岗前培训往往不能达到应有的效果；同时，由于多数施工现场未按一定程序和要求制作用于指导施工的实物质量样板，使得技术交底、岗前培训、质量检查、质量验收等方面都缺乏统一直观的判定尺度。为解决这一问题，将逐步在全省房屋建筑工程施工中推行工程质量样板引路的做法，使之成为工程施工质量管理的一项工作制度，即根据工程实际和样板引路工作方案制作实物质量样板，配上反映相应工序等方面的现场照片、文字说明，使技术交底和岗前培训内容比较直观、清晰，易于了解掌握，同时也提供了直观的质量检查和质量验收的判定尺度，从而有利于消除工程质量通病，有效地促进工程施工质量整体水平的提高。

二、房屋建筑工程质量样板引路方案的制定

每项房屋建筑工程开工前，施工总承包企业要根据工程的特点、施工难点、工序的重点、防治工程质量通病措施等方面的需要，组织参与编制和实施该工程施工组织设计和专项施工方案的相关技术管理人员，研究制定工程质量样板引路的工作方案。工作方案内容应包括：工程概况与特点、需制作实物质量样板的工序和部位（含样板间）、制作实物质量样板的技术要点与具体要求、将质量样板用于指导施工和质量验收的具体安排、相关人员的工作职责以及根据工程项目特点所制定的其他相关内容。工作方案经企业有关部门批准和送项目总监理工程师审批后实施，并报送建设单位、监理企业、工程质量监督站。实行专业分包的，分包企业应在施工总承包企业的指导下，制定相关的工程质量样板引路工作方案，经施工总承包企业同意后送项目总监理工程师审批后实施。

三、制作房屋建筑工程实物质量样板的工序、部位

实行房屋建筑工程质量样板引路的工序、部位可根据工程实际从以下方面选择：

（一）混凝土结构工程

1. 柱、剪力墙、梁、板、楼梯等钢筋的制作、安装、固定；

2. 受力纵筋连接（焊接、机械连接等）外观质量；

3. 模板安装中支撑体系、安装和加固方法、防止胀模、漏浆的技术措施；

4. 模板的垃圾出口孔制作；

5. 楼面柱根部清除浮浆、凿毛；

6. 混凝土施工缝、后浇带、楼面收光处理及养护。

（二）砌体工程

1. 有代表性部位的砌体的砌筑方法；

2. 有代表性的门窗洞口的处理；

3. 填充墙底部、顶部的处理；

4. 构造柱、圈梁、过梁的处理。

（三）屋面工程

1. 屋面防水、隔热；

2. 屋面排水；

3. 屋面细部。

（四）门窗和幕墙工程

1. 有代表性的门窗安装；

2. 门窗洞的细部处理；

3. 有代表性的幕墙单元安装。

（五）装饰装修工程

1. 外墙防水；

2. 外墙饰面；

3. 内墙抹灰；

4. 内墙饰面砖铺贴；

5. 天花安装；

6. 厨、厕间防水；

7. 有代表性的装饰装修细部。

（六）建筑节能工程

有关标准规定需制作样板的部位。

（七）给排水工程

1. 穿楼板管道套管安装；

2. 卫生间给排水支管安装；

3. 卫生间洁具安装；

4. 屋面透气管安装；

5. 管井立管安装。

（八）建筑电气工程

1. 成套配电柜、控制柜的安装

2. 照明配电箱的安装；

3. 开关插座、灯具安装；

4. 电气、防雷接地；

5. 线路铺设；

6. 金属线槽、桥架铺设。

（九）通风空调工程

1. 标准层风管制作安装；

2. 标准层水管安装；

3. 风机盘管、风口、风阀、百叶安装；

4. 风管、水管保温。

制作实物质量样板的工序、部位，不限于以上内容，还包括建设单位、施工和监理企业认为需要制作实物质量样板的其他工序、部位。

四、工程质量样板引路工作的主要原则

（一）制作实物质量样板应本着因地制宜、减少费用、直观明了的原则，尽可能结合工程实体进行制作；如需另行制作造成费用增加较多，由施工企业与建设单位协商解决。

（二）在施工现场光线充足的区域设置样板集中展示区，展示独立制作的质量样板，建筑材料和配件样板，以及文字说明材料等。

（三）要保证实物质量样板符合有关技术规范和施工图设计文件的要求，质量样板需经施工企业相关部门（或委托该工程项目技术负责人）复核确认，建设单位和监理单位同意后方可用于技术交底、岗前培训和质量验收。

（四）各级住房和城乡建设行政主管部门要加强对工程质量样板引路工作的指导和推动，工程质量监督站需结合质量监督工作计划，加强对施工现场制作实物质量样板以及按照样板进行施工情况的抽查，及时纠正存在的问题。